Erwin Dee Kord (Hrsg.)

Antonow A-9

Erwin Dee Kord (Hrsg.)

Antonow A-9

Erstflug, Schulterdecker

Solv

Imprint

Publisher:
Solv is a trademark of
International Book Market Service Ltd., 17 Rue Meldrum, Beau Bassin, 1713-01 Mauritius
Email: info@bookmarketservice.com
Website: www.bookmarketservice.com

Published in 2011

Printed in: U.S.A., U.K., Germany. This book was not produced in Mauritius.

ISBN: 978-613-8-95209-1

Fahrwerk_(Flugzeug)

Das **Fahrwerk** (engl. „landing gear“ bzw. „Undercarriage“) eines Flugzeuges stellt die Gesamtheit der Räder mit Flugzeugreifen, Felgen und meist darin eingebauten Bremsen dar. Hinzu kommt deren Aufhängung an gedämpften Federbeinen, Federstreben oder starren Konstruktionen. Das Fahrwerk trägt das Luftfahrzeug am Boden und ermöglicht eine Fortbewegung am Boden (das Rollen). Zudem ermöglicht es, die erforderliche Startgeschwindigkeit zum Abheben zu erreichen (der Startlauf). Bei der Landung werden die relativ hohen Stoßbelastungen vom Fahrwerk absorbiert (Stoßdämpfer) und so von der Flugzeugzelle ferngehalten. Auch ein Wiederhochspringen (Abprallen von der Landebahn) nach einem härteren Aufsetzen wird durch die Dämpfung des Federbeins verhindert. Radbremsen können zur Verkürzung der Ausrollstrecke bei der Landung, zum Lenken am Boden (Differentialbremsung) sowie zur Geschwindigkeitskontrolle und als Parkbremse am Boden benutzt werden.

Fahrwerk an einem Airbus A330

Fahrwerk an einer Boeing 747

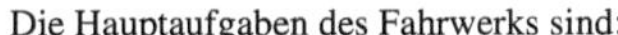

Die Hauptaufgaben des Fahrwerks sind:

- Beweglichkeit des Flugzeugs am Boden ermöglichen
- Sicherstellung, dass während des Rollens, des Abhebens und des Aufsetzens kein anderes Teil des Flugzeugs den Boden berührt
- Absorbieren und Dämpfen der vertikalen kinetischen Energie beim Landen
- Dissipation der horizontalen kinetischen Energie beim Landen und im Falle eines Startabbruchs
- Aufnahme und Weiterleitung der kinetischen Energie beim Bremsen
- Federung von Bodenunebenheiten
- Widerstand gegen die seitliche Belastung bei Seitenwindstart und Seitenwindlandung

Das Fahrwerk kann feststehend (starr) sein oder auch einfahrbar (Einziehfahrwerk, engl. „retractable gear“), um den aerodynamischen Widerstand um bis zu 25% zu verringern. Hierbei wird das Fahrwerk in Motorgondeln, in die Tragflächen oder auch in den Flugzeugrumpf eingefahren. Beim Fahrwerk handelt es sich meist um eine Dreipunktabstützung. Die Anzahl der für ein bestimmtes Flugzeug nötigen Räder hängt von dessen Gewicht, Einsatzzweck sowie von der Belastbarkeit der Flughafenbetriebsoberflächen ab. Dieser Wert wird mit der „Pavement Classification Number“ angegeben.

Bei Flugzeugfahrwerken wird unterschieden nach der Anordnung der Räder, nach deren Einbauort sowie nach deren Bauart. Grundsätzlich wird zwischen zwei Fahrwerksarten unterschieden:

- Hauptfahrwerk (vor oder hinter dem Flugzeugschwerpunkt)
- Stützfahrwerk (Bug- oder Spornfahrwerk sowie auch Stützfahrwerke an den Tragflächen)

danach folgt die Anordnung der Fahrwerke

- Dreipunkt-Fahrwerk in Bug- oder Spornradausführung
- Tandemfahrwerk
- Spezialfahrwerke (z.B. Kettenfahrwerke oder Kufengestelle)

Fahrwerkskonfiguration

Bei der Anordnung der Räder (in der Regel handelt es sich um eine Dreipunktanordnung) wird unterschieden zwischen dem historisch älteren Spornfahrwerk (bis in die dreißiger Jahre auch noch mit Schleifsporn) und dem neueren Bugradfahrwerk. Seltener ist eine Tandemanordnung der Räder unter dem Rumpf, wodurch seitliche Stützen erforderlich werden (Beispiel Falke oder Harrier). Bei schweren Transportflugzeugen besteht das Hauptfahrwerk oft aus zwei bis vier Gruppen von Rädern, die in zwei Reihen am Rumpf angeordnet sind.

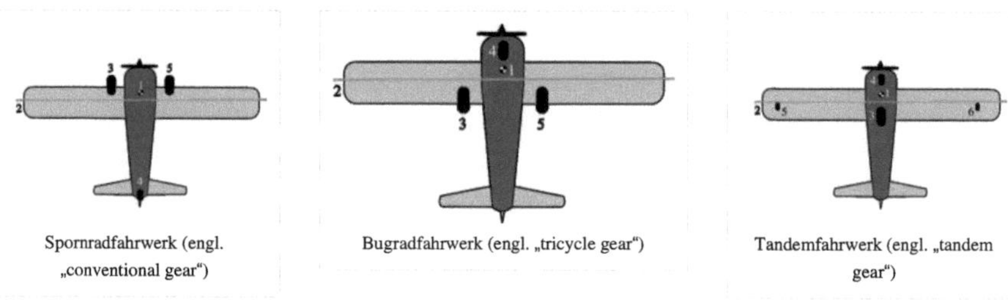

Spornradfahrwerk (engl. „conventional gear") | Bugradfahrwerk (engl. „tricycle gear") | Tandemfahrwerk (engl. „tandem gear")

Spornradfahrwerk (Hecksporn- oder Heckradfahrwerk)

Schleifsporn

Iljuschin Il-1

In den ersten Jahrzehnten der Luftfahrt bis gegen Ende des Zweiten Weltkriegs waren fast alle Flugzeuge Spornradflugzeuge (engl. *taildragger* oder *tailwheel*). Sie hatten fast alle ein Fahrwerk mit Sporn. Daher rührt auch noch die heute übliche Bezeichnung „konventionelles Fahrwerk" (engl. *conventional gear*).

Bei einem Spornfahrwerk befinden sich die zwei Hauptfahrwerksbeine vor dem Flugzeugschwerpunkt und ein Schleifsporn oder ein Spornrad im Heckbereich ergibt den dritten Auflagepunkt. Dieses Spornrad konnte durch Koppelung mit der Seitenruderbetätigung lenkbar gemacht werden. Gegenüber einem Bugradfahrwerk ist die Konstruktion etwas einfacher. Ein Nachteil dieser Fahrwerksform ist, dass der Rumpf im Stand hinten tiefer ist als vorne. Für den Piloten bedeutet das, dass die Sicht nach vorne während des Rollens stark eingeschränkt sein kann und ihn zum Rollen in Schlangenlinien zwingt. Zum Abheben muss er während des Startvorgangs erst das Heck des Flugzeuges anheben (durch leichtes Drücken des Steuerknüppels), bis der Flugzeugrumpf parallel zur Startbahn ist. In dieser neutralen Längsneigung erfolgt die weitere Beschleunigung bis zum Abheben. Wegen der korkenzieherartigen Luftströmung hinter dem Propeller (engl.: slip stream), die auf das Seitenleitwerk trifft, kann insbesondere nach dem Anheben des Hecks eine mehr oder weniger starke Neigung zum Ausbrechen entstehen, bei Flugzeugen mit rechts bzw. im Uhrzeigersinn drehendem Propeller nach links. Bei einem tatsächlich beginnenden Ausbrechen, insbesondere beim Ausrollen nach der Landung, zeigt sich der zweite Nachteil des Spornfahrwerks. Der hinter der Auflagelinie des Hauptfahrwerks liegende Schwerpunkt, der ja das Bestreben hat, sich weiter in der ursprünglichen Richtung fortzubewegen, erzeugt dadurch ein Moment, das die Ausbrechbewegung sogar unterstützt.

Douglas DC-2

Landungen mit einem Spornradflugzeug bedürfen besonderer Übung für den heutigen Piloten, der meist seine ursprüngliche Ausbildung auf moderneren Flugzeugen mit Bugradfahrwerk gemacht hat. Bei zu starkem Bremsen besteht bei Spornradflugzeugen zudem die Gefahr des Kopfstandes (Fliegerdenkmal) oder sogar des Überschlags nach vorne.

Antonow An-2

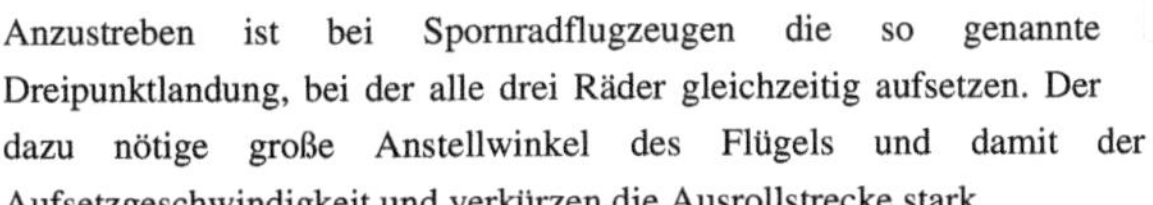

Anzustreben ist bei Spornradflugzeugen die so genannte Dreipunktlandung, bei der alle drei Räder gleichzeitig aufsetzen. Der dazu nötige große Anstellwinkel des Flügels und damit der größere Widerstand verringern die Aufsetzgeschwindigkeit und verkürzen die Ausrollstrecke stark.

Bei Einbau von Strahltriebwerken unter dem Flügel von Tiefdeckern ist ein Spornradfahrwerk unbrauchbar, wie sich bei den ersten Versuchen mit der Me 262 gezeigt hat. Das Höhenruder ist nicht wirksam genug, um dem aufrichtenden Moment entgegenzuwirken, das der Triebwerksschub in Bezug auf den höher liegenden Schwerpunkt erzeugt. Es war so nicht möglich, beim Anrollen das Heck anzuheben. Der Trick, mit dem diesem Mangel begegnet wurde, bestand in einem kurzen Auf-die-Bremsen-Treten, wodurch der Rumpf in die gewünschte waagrechte Lage kam. Aufgrund dieser Erkenntnis erhielten bereits die weiteren Versuchsflugzeuge der Me 262, aber auch die der Konkurrenzentwicklung, der Heinkel He 280, ein Bugradfahrwerk.

Für Fluggäste von Verkehrsflugzeugen bedeutet ein Spornradfahrwerk, dass sie zum Ein- und Aussteigen im Flugzeug auf einer schrägen Ebene laufen müssen.

Bugradfahrwerk

Das Bugradfahrwerk (engl. „tricycle gear") gilt im Vergleich zum Spornradfahrwerk als die modernere Form, obwohl bereits die Brüder Wright sie bei ihren späteren Flugzeugen verwendeten. Dabei ergänzt das Bugrad (engl. „nose gear") im vorderen Bereich des Flugzeugrumpfes das rechte und linke Hauptfahrwerk (engl. „main landing gear"). Die Sicht für den Piloten ist gut, besonders während des Rollens, aber auch bei Start und Landung. Das Bugrad kann lenk- oder auch nur schwenkbar ausgeführt werden. Im letzteren Fall muss zum Vermeiden des gefürchteten Bugradflatterns (engl. *Shimmy*) eine eigene Dämpfeinrichtung eingebaut sein. Zum Lenken auf dem Boden kann zusätzlich zum Bugrad die Radbremse des jeweiligen Hauptfahrwerks benutzt werden. Ein Überschlag nach vorne, wie beim Spornradfahrwerk, ist kaum mehr möglich. Der Flugzeugschwerpunkt liegt etwas vor dem Hauptfahrwerk. Dadurch entsteht im Falle eines leichten Ausbrechens ein Moment, das der Ausbrechrichtung entgegen und somit stabilisierend wirkt.

Cockpit mit Bugrad

Bei Verkehrsflugzeugen mit Bugrad ist der Rumpf zum Ein- und Aussteigen der Passagiere immer in der waagrechten Lage. Die Bezeichnung der Reifenanordnung von Verkehrsflugzeugen wurde durch die US-amerikanische FAA standardisiert. [1]

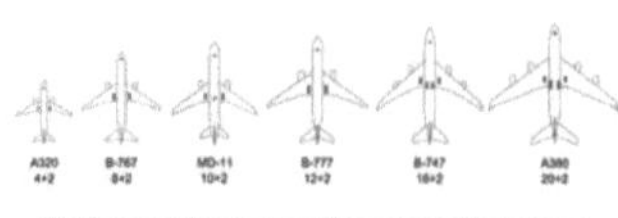

Reifenanordnung von Grossraumflugzeugen

Diese Konfiguration ist in Deutschland erstmals am 8. Juni 1939 an einer Fw 58 nachzuweisen, die das Reichsluftfahrtministerium bei Focke-Wulf hatte umbauen lassen. Anschließend war das Flugzeug jeweils für einige Zeit allen deutschen Entwicklungsfirmen zur Erprobung zur Verfügung gestellt worden. Walter Blume bei Arado erkannte als Erster die Vorteile und wendete die neue Fahrwerksform sofort bei der Ar 232 an. Sie hat sich seit damals durchgesetzt und stellt die heute gebräuchliche Lösung sowohl im militärischen wie im zivilen Bereich dar.

Bugrad

Das **Bugrad** ist Teil der Fahrwerksanlage eines Flugzeugs. Es befindet sich im vorderen Teil der Maschine, dem Bug, daher stammt der Name.

Bugrad einer Boeing 737-300

Das Bugrad nimmt im Gegensatz zum Hauptfahrwerk während des Stehens und Rollens am Boden nur einen relativ geringen Teil des Flugzeuggewichts auf. Man spricht auch dann von einem Bugrad, wenn dort mehr als ein Rad angeordnet ist. Die relativ schwache Auslegung des Bugrades kann bei unsachgemäßen Landungen zum Bruch führen, so dass die Flugzeugnase die Landebahn berührt. Bei einmotorigen Propellerflugzeugen, die ihren Propeller meist vorne haben, kommt es dann zu dessen Zerstörung – oft auch des Motors.

Bei Kampfflugzeugen, die auf Flugzeugträgern starten und landen, muss das Bugrad sehr stabil sein, da es bei modernen Konstruktionen (bsp. bei der F-18 *Hornet* und der Dassault Rafale) einmal die Kräfte des Startkatapults aufzunehmen hat und bei der Landung mit sehr hoher Sinkgeschwindigkeit starke Stoßbelastungen.

Bei Verkehrsflugzeugen, die an Flughäfen Parkpositionen mit Fluggastbrücken benutzen, wird die Schleppstange des Flugzeugschleppers, der das Flugzeug nach dem Beladen zurückschiebt, am Bugrad angekoppelt, bei neueren Schleppern sogar das gesamte Fahrwerk umschlossen und angehoben.

Hauptfahrwerk

Das **Hauptfahrwerk** ist Teil der Fahrwerksanlage eines Flugzeugs. Es befindet sich im Bereich des Schwerpunktes der Maschine und trägt die Hauptlast des Flugzeuges während des Rollens am Boden, daher stammt der Name.

Hauptfahrwerk des Airbus A380

Hauptfahrwerk einer Boeing 747

Das Hauptfahrwerk kann aus lediglich einem Rad bestehen (Einspurfahrwerk) oder auch aus einer Vielzahl von Rädern mit sehr komplizierter Mechanik. Einige Hauptfahrwerke (oder Teile davon) können gelenkt werden, um die Manövrierfähigkeit am Boden zu verbessern. Bei der Boeing 747 als Beispiel ist der hintere Teil des Hauptfahrwerks steuerbar, um engere Kurvenradien zu ermöglichen.

Manche Hauptfahrwerke können bereits im Fluge verschwenkt werden, um bei Seitenwindlandungen das seitliche Schieben der Maschine beim Aufsetzen ausgleichen zu können (zum Beispiel Boeing B-52).

Transportflugzeuge

Transportflugzeuge haben besondere Anforderungen an das Fahrwerk:

- sehr hohe Belastung (deshalb sehr viele Räder, keine langen oder grazilen Fahrwerksbeine)
- Militärtransporter müssen (je nach Anforderung und Einsatzzweck) auch auf unbefestigten Pisten starten und landen können
- möglichst niedrige Ladekante (eventuell zusätzlich hydraulisch absenkbar)
- sehr große Schwerpunktverschiebung während des Ladevorganges (Flugzeuge müssen bei der Verschiebung schwerer Ladungen innerhalb des Flugzeuges am Heck abgestützt werden, damit sie nicht hinten überkippen)

In der Regel kommen dafür ausgelegte Bugradfahrwerke zum Einsatz.

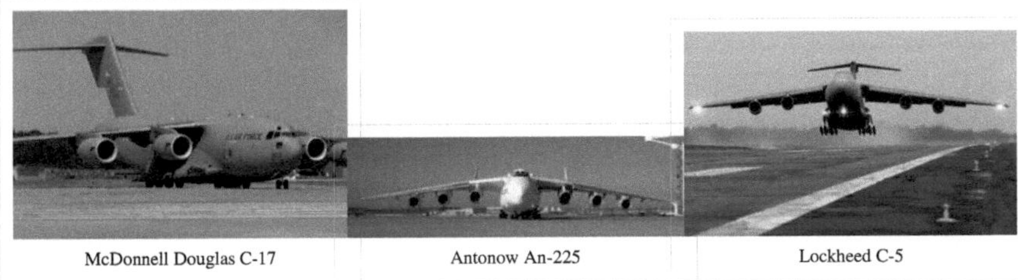
McDonnell Douglas C-17 Antonow An-225 Lockheed C-5

Tandemfahrwerk

Für besondere Anwendungen ist auch die Tandemkonfiguration (engl. „tandem gear") verbreitet – etwa bei Segelflugzeugen, Senkrechtstartern, Höhenaufklärern oder einigen Bombern. Auch die erste Ausführung des in der DDR entwickelten Verkehrsflugzeugs 152 hatte ein solches Fahrwerk, bei dem meist seitliche Stützen erforderlich sind.

Die Boeing B-52 hat vier Hauptradpaare unter dem Rumpf, jeweils zwei nebeneinander

Hawker P.1127

Lockheed U-2

ASK 21 (Abdeckung des Hauptrades demontiert)

Segelflugzeuge

Von wenigen Ausnahmen wie der Stemme S 10 abgesehen besitzen Segelflugzeuge keine nebeneinander liegenden Räder. Im unbewegten Zustand liegt also immer eine Tragfläche auf dem Boden auf, wobei an der Flügelspitze zum Schutz der Oberfläche Scheuerleisten oder kleine Rädchen angebracht sein können.

Die Hauptlast wird bei modernen Segelflugzeugen von einem – oft einziehbaren – Hauptrad im Bereich des Schwerpunktes getragen, bei den ersten Schulgleitern übernahm diese Rolle eine Kufe. Auch bei vielen etwas älteren Modellen wie der Schleicher ASK 13 wird das Hauptrad nach vorne hin durch eine Kufe unterstützt. Bei moderneren Typen wird stattdessen ein kleineres Bugrad vor dem Hauptrad verwendet. Auch am Heck hat sich inzwischen die Verwendung eines kleinen Rades anstelle des vormals üblichen Schleifspornes durchgesetzt. Da dieses Rad (wenn überhaupt) nur sehr eingeschränkt lenkbar ist, wird zum einfacheren Manövrieren am Boden ein Spornkuller montiert.

Andere Lösungen

Abhängig vom Einsatzzweck können auch andere Fahrwerklösungen eingesetzt werden. Besondere Schwerlastfahrwerksauslegungen besitzen eine sehr große Zahl an Hauptfahrwerksrädern um den Bodendruck gering zu halten und sind teilweise in der Höhe am Boden einstellbar ausgeführt, um die Be- und Entladung zu vereinfachen. In seltenen Fällen wurde das Fahrwerk auch abwerfbar gestaltet, um die Leistungsdaten des Flugzeuges zu verbessern, so etwa bei der Messerschmitt Me 163.

Schwimmer

Siehe →Wasserflugzeug

Wasserflugzeug mit Schwimmern

Kufen

Kufen werden vereinzelt verwendet, zum Beispiel bei der North American X-15, oder auch bei der Lockheed C-130 für den Polareinsatz.

Ketten

Vereinzelt wurde für den Einsatz von nicht tragfähigem Untergrund auch ein Kettenfahrwerk eingesetzt. Dies konnte sich jedoch aufgrund des hohen Gewichts und unlösbarer technischer Schwierigkeiten nicht durchsetzen.

Fairchild C-82 mit Kettenfahrwerk

Festes (feststehend) oder einziehbares Fahrwerk

Das feste Fahrwerk ist historisch älter. In der Anfangszeit des Flugzeugbaus war der prozentuale Anteil des Fahrwerks am Gesamtwiderstand des Flugzeugs mit seinen eckigen Formen, den vielen Streben und Verspannungen unerheblich. Erst mit der allgemeinen Verbesserung der aerodynamischen Form fiel er immer mehr ins Gewicht. Da das Fahrwerk während des Fluges nicht gebraucht wurde, lag der Gedanke nahe, es während dieser Phase ganz verschwinden zu lassen. Man sprach deshalb auch vom Verschwindfahrwerk. Heute ist das einziehbare Fahrwerk die Regel. Nur bei kleineren Flugzeugen, mit weniger hohen Geschwindigkeiten, werden noch die einfacheren festen Fahrwerke verwendet. Es gibt auch Formen, bei denen das Fahrwerk nur teilweise eingezogen wird.

Festes Fahrwerk

Ist das Fahrwerk so am Flugzeug angebracht, dass es, abgesehen von den durch das Einfedern bedingten Änderungen seiner Form, während des ganzen Fluges seine Form beibehält, spricht man von einem festen Fahrwerk. Die Räder einer jeden der beiden Hauptfahrwerkshälften sitzen an einer Federstrebe, welche sowohl die zum Abfedern der Roll- und Landestöße erforderlichen Bauteile der verschiedensten Art enthält, als auch eine Einrichtung zur wirksamen Dämpfung dieser Federbewegung. Diese Federbeine können nun freitragend, ohne seitliche Abstützung in ihrer starren Halterung befestigt sein. Man spricht dann von einem Einbeinfahrwerk (Beispiele: Bücker Bü 181, Klemm Kl 35 A und B). Diese Federbeine werden durch seitlich auf das Rad wirkende Kräfte auf Biegung stark beansprucht. Die andere Art ist das Dreibeinfahrwerk, bei dem das nun gelenkig befestigte Federbein durch zwei, meist in V-Form angeordnete, ebenfalls gelenkig befestigte Stützstreben geführt wird. Beim Einfedern bewegen sich alle drei Teile. Fahrwerke dieser Art verändern dabei ihre Spurweite (Beispiele dafür: Junkers Ju 52, Fieseler Fi 156). Um den Luftwiderstand zu verringern, sind meist die Hauptfahrwerksbeine und die Räder aerodynamisch verkleidet. Bei besonders langsamen Flugzeugen oder Hubschraubern wird jedoch auch darauf verzichtet.

Einziehfahrwerk

Ist das Flugzeugfahrwerk hingegen so gestaltet und eingebaut, dass es eingefahren werden kann, spricht man von einem *einziehbaren Fahrwerk* oder *Einziehfahrwerk* (engl. „retractable gear"). Das Ein- und Ausfahren kann manuell oder automatisch (meist hydraulisch), vor sich gehen. In letzterem Fall muss es ein Notausfahrsystem geben, das früher auch oft von Hand (Handpumpe oder Handkurbel) zu betätigen war. Das Fahrwerk wird ganz oder teilweise in den Rumpf, den Flügel, die Motorgondeln oder sonstige Verkleidungen eingezogen. Einziehfahrwerke fanden Mitte der 1930er Jahre in den Flugzeugbau Eingang (Beispiele: Heinkel He 70 „Blitz", Airspeed AS 5 „Courier"), um dem Wunsch nach gesteigerten Fluggeschwindigkeiten Rechnung zu tragen. Da die Position aller Räder für den Piloten von seinem Sitz aus nicht erkennbar ist, muss ihm die Stellung eines jeden Fahrwerksteils, ein- oder ausgefahren, über Geräte angezeigt werden. Dabei gibt es elektrische sowie mechanische Anzeigen, welche die Stellung des Fahrgestelles erkennen lassen.

Das Einziehen des Fahrwerkes erfolgt fast unmittelbar nach dem Start, sobald eine positive Steigrate auf dem Steigmesser (Variometer, engl. „Vertical Speed Indicator" – VSI) angezeigt wird, in der Regel spätestens über dem Ende der Landebahn. Bei einigen Flugzeugen erhöht sich im Moment des Einfahrens der Luftwiderstand, wenn die

Klappen der Fahrwerksschächte dazu erst geöffnet werden müssen. Das kann bei niedrigen Geschwindigkeiten kritisch werden (zum Beispiel beim Durchstarten mit einem ausgefallenen Triebwerk). In diesem Fall ist das Fahrwerk erst nach Erreichen der kritischen Geschwindigkeit einzufahren. Sofort nach dem Abheben werden die Räder durch Betätigung der Bremsen oder automatisch zum Stillstand gebracht um unerwünschte Auswirkungen der sich noch drehenden Räder in den Fahrwerksschächten zu vermeiden.

Der Fahrwerkshebel als solcher (relativ wuchtig mit einem Rad am Ende) und vor allem seine Stellung ist in modernen Cockpits verwechselungssischer sofort zu erkennen. Für jedes Fahrwerksbein existiert eine Anzeigenleuchte, bei einem Flugzeug mit 5 Fahrwerksbeinen sind es somit fünf Leuchten, welche je nach Flugzeugtyp in den Farben rot, orange oder grün aufleuchten können. Die Semantik ist einfach:

Eine B-52 beim Einziehen des Fahrwerks

- kein Licht: Fahrwerk eingefahren und verriegelt
- grünes Licht: Fahrwerk ausgefahren und verriegelt
- bernsteinfarbenes Licht: Fahrwerk wird gerade ein/ausgefahren
- rotes Licht: Funktionsstörung

Das Ausfahren des Fahrwerks erfolgt im Sinkflug auf dem Gleitpfad und wird normalerweise in etwa 750 Meter (knapp 2000 Fuß) über der Landebahnhöhe begonnen. Aus Lufthansa-Kreisen ist hier der Spruch "Zweitausend über Hessen - Fahrwerk nicht vergessen!" in Anspielung auf den Hub im hessischen Frankfurt am Main bekannt. Vor allem bei winterlichen Verhältnissen ist man bestrebt, das Ausfahren des Fahrwerkes auf möglichst spät zu verschieben, um bei feuchter Witterung Eisansatz an der Mechanik und insbesondere an den Bremsen zu verhindern.

In modernen Flugzeugen wird durch das Ground Proximity Warning System (GPWS) verhindert, dass die Maschine mit eingefahrenem Fahrwerk landet. Das System gibt Warnsignale ab, wenn die Motorleistung unter ein bestimmtes Maß verringert wird und die Maschine sich in Bodennähe im Sinkflug befindet.

Das Rennflugzeug Dayton-Wright RB war das erste Flugzeug mit Einziehfahrwerk. Es nahm 1920 für die USA am „James Gordon Bennett Aviation Cup“ teil, musste aber nach der ersten Runde wegen technischen Problemen ausscheiden.

Siehe auch

- Fahrwerk
- Radaufhängung
- Lenkung
- Bremse

Einzelnachweise

[1] Bezeichnung der Reifenanordnung durch die FAA (PDF; 555 kB) (http://www.faa.gov/airports/resources/publications/orders/media/Construction_5300_7.pdf)

Weblinks

- Masse und Leistungsbedarf von Fahrwerken (http://www.fst.tu-harburg.de/publications/publications_carl/04dglr264.pdf) (PDF-Datei; 384 kB)

Antonow_A-9

Antonow A-9	
Typ:	A-9
Entwurfsland:	UdSSR
Hersteller:	Antonow
Erstflug:	1949

Die **Antonow A-9** ist ein sowjetisches Segelflugzeug. Der ganz aus Holz gebaute einsitzige Schulterdecker hatte seinen Erstflug 1949.

Anfang der 1950er Jahre machte der Typ durch einige besondere Leistungen auf sich aufmerksam. So flog Wjascheslaw Jefimenko am 6. Juni 1952 mit 636,8 km einen neuen Weltrekord im Zielstreckenflug.

Aus der A-9 wurde auch ein Zweisitzer abgeleitet, die Antonow A-10. Dieser Typ war 30 cm länger und besaß ein größeres Leitwerk. Am 26. Mai 1953 erreichte Viktor Ilschenko mit der A-10 mit 829,8 km in 9 h 11 min einen neuen Weltrekord im freien Streckenflug.

Der Rumpf beider Typen besaß einen ovalen Querschnitt. Die Vollsicht-Cockpithaube war aus Glas gefertigt. Der Tragflügel besaß Spoiler. Das Fahrwerk bestand aus einem festen Hauptrad und einen Schleifsporn am Heck. Die Flügelenden waren durch Scheuerleisten geschützt.

Technische Daten (Antonow A-9)

- Spannweite 16,30 m
- Länge 6,40 m
- Höhe 1,50 m
- Flügelfläche 13,50 m²
- Streckung 19,6
- Leergewicht 360 kg
- Startgewicht 450 kg
- Gleitzahl 28 bei 95 km/h

Literatur

- *Soaring Magazine* (USA) 1/1955

Siehe auch

- Segelflugzeug, Segelflug

Erstflug

Beim **Erstflug** oder **Jungfernflug** handelt es sich um den ersten Flug eines Luftfahrzeuges. Dieses Datum wird häufig in den technischen Daten eines Flugzeugtyps aufgeführt. Die Jungfernfahrt bezeichnet hingegen die Erstfahrt eines Schiffes oder Bootes, dem normalerweise ein Stapellauf vorangeht.

Nach Konstruktion und Bau muss sich beim Erstflug beweisen, ob sich der Flugkörper wirklich auch im realen Flug bewährt. Dem Erstflug gehen in der Regel das sogenannte Rollout, die erste Präsentation des neuen Geräts, und anschließend umfangreiche Systemtests sowie Rollversuche am Boden voraus.

Der Erstflug wird in der Regel von Testpiloten durchgeführt.

Siehe auch

- Liste der Erstflüge

Schulterdecker

Schulterdecker bezeichnet ein Flugzeug mit einer Tragfläche, die bündig mit der Oberkante des Rumpfes angeordnet ist. Typische Flugzeuge sind die Cessna 150/152 sowie das Segelflugzeug Schleicher K 8.[1]

Schulterdecker – C-150

Ein Vorteil der Schulterdeckerbauweise ist die Tatsache, dass der Flügelholm nicht durch den Rumpf geführt wird; ein anderer die gute Bodensicht aus dem Cockpit. Ein Nachteil (zumindest bei großen, mehrmotorigen Flugzeugen) ist eine aufwändigere Gestaltung des Fahrwerkes.

Schulterdecker – B-52

Einzelnachweise

[1] Gerätekennblatt Nr. 216 (http://www.gliding.co.uk/bgainfo/technical/easa/tcds/3897_9.pdf) des Luftfahrtbundesamtes, 17 KB, PDF-Datei

Segelflugzeug

Verschiedene Segelflugzeugmuster in Startposition

Ein **Segelflugzeug** ist ein für den Segelflug, also für motorloses Fliegen (Steigen im Aufwind beziehungsweise Gleiten mit geringem Höhenverlust) konstruiertes Luftfahrzeug. In Deutschland werden Segelflugzeuge luftrechtlich als eigene Luftfahrzeugklasse gewertet und dürfen bis zu 850 kg wiegen.

Um fliegen zu können, muss es Höhe (potentielle Energie) in Vorwärtsgeschwindigkeit (kinetische Energie) umwandeln. Im Prinzip kann jedoch jedes Flugzeug als Segelflugzeug verwendet werden (beispielsweise legte ein Airbus A330 im Air-Transat-Flug 236 eine Strecke von 120 km im Gleitflug zurück; ein weiteres Beispiel ist die Notwasserung eines Airbus auf dem Hudson River von 2009), wobei sich der Segelflug bei Motorflugzeugen in der Regel auf einen stabilen Gleitflug beschränkt. Ausnahmen hierzu bieten *Motorsegler*, die durch ihre spezielle Konstruktion auch die Möglichkeit reinen Segelfluges nutzen können. Auch die Raumfähre Space Shuttle landet als Gleitflugzeug, das private Raumschiff SpaceShipOne ist sogar offiziell als „nicht eigenstartfähiges Segelflugzeug mit Hilfsantrieb" zugelassen.

Im engeren Sinne bezeichnet man aber nur solche Flugzeuge als Segelflugzeuge, bei denen ein so gutes Verhältnis zwischen im Gleitflug verbrauchter Höhe und zurückgelegter Strecke besteht, dass sie imstande sind, in den normalerweise in der Atmosphäre vorkommenden Aufwinden an Höhe zu gewinnen. Das setzt eine Gleitzahl von mehr als 1:20 voraus (in etwa - das ist kein exakter Wert), wobei aber Motorflugzeuge mit ausgefallenem Triebwerk nur in etwa auf Gleitzahlen zwischen 1:5 und 1:8 kommen.

Moderne Segelflugzeuge haben dagegen eine Gleitzahl zwischen 1:30 und 1:60, können also bei 1 km Höhenverlust in ruhiger Luft 30 bis 60 km weit fliegen. Das derzeit (2009) leistungsfähigste Segelflugzeug, die ETA, hat mit ihrer Spannweite von 30,90 m sogar eine Gleitzahl von etwa 1:70.

Mit 7867 Flugzeugen (2010) ist in Deutschland das Segelflugzeug die Luftfahrzeugklasse mit den meisten Flugzeugen. Danach folgen einmotorige Flugzeuge unter 2t (6801) und Motorsegler (3081). [1]

Flugeigenschaften

Segelflugzeug im Flug

Um gute Segelflugeigenschaften erbringen zu können, muss ein Segelflugzeug nach bestimmten Kriterien gebaut werden. Ein geringes Gewicht kann dabei sogar hinderlich sein: Zwar ermöglicht eine geringe Flächenbelastung ein schnelles Steigen in der Thermik, jedoch verringert sich die Fluggeschwindigkeit des optimalen Gleitens durch die geringere potentielle Energie erheblich. Viele Leistungssegelflugzeuge verfügen zusätzlich über Wassertanks (bis zu 300 l im Nimbus 4), um die eigene Masse zu vergrößern. So können die Flugeigenschaften durch Ablassen des Wasserballasts während des Fluges an die Wetterbedingungen angepasst werden: hohe Flächenbelastung und damit hohe „Reisegeschwindigkeit" bei guter Thermik, nach Leerung der Ballasttanks niedrige Flächenbelastung für optimale Nutzung schwacher Aufwinde. Eine sichere Landung ist bei den meisten Flugzeugen nur mit leeren Ballasttanks möglich.

Da hohe Geschwindigkeit bei gutem Gleitwinkel nur mit relativ hoher Flächenbelastung möglich ist, wird bei Segelflugzeugen auf extremen Leichtbau verzichtet. Deshalb sind einsitzige Segelflugzeuge mit Hilfsmotor wesentlich schwerer als Ultraleichtflugzeuge.

Eine hohe Wendigkeit ist nötig, da die Aufwindströme mitunter lokal eng begrenzt sind, das heißt, dass das Flugzeug einen engen Kreis fliegen muss, damit der Aufwind effektiv genutzt werden kann. Moderne Segelflugzeuge sind so konstruiert, dass sie in einem großen Geschwindigkeitsbereich stabil und sicher fliegen. Geschwindigkeiten von 60 km/h bis 280 km/h sind mittlerweile die Regel.

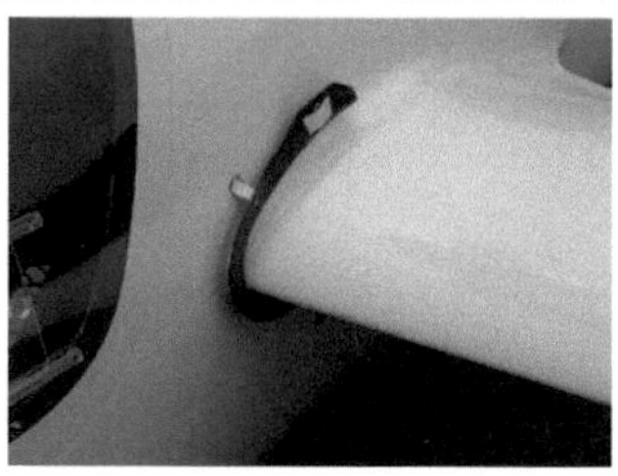
Mückenputzer an einem Ventus 2

Ein geringer Luftwiderstand ist nötig, da andernfalls zu viel Energie durch Reibung verloren geht. Bei modernen Segelflugzeugen gehört deshalb ein Einziehfahrwerk zur Grundausstattung. Auf längeren Strecken kommen oft „Mückenputzer“ zum Einsatz, die die Flügelvorderkante während des Fluges von den Überresten toter Insekten befreien (Bild rechts). Um den erforderlichen Auftrieb bei geringstmöglichem induzierten Widerstand zu gewährleisten, haben die Flügel von Segelflugzeugen im Vergleich zu Motorflugzeugen eine hohe Spannweite und eine geringe Profiltiefe (hohe Flügelstreckung). Aus Gründen der Festigkeit und Oberflächengüte werden sowohl die Flügel als auch Rumpf und Leitwerk moderner Segelflugzeuge aus faserverstärkten Kunststoffen aufgebaut. Nicht nur wegen der hohen Belastung im Flug müssen Segelflugzeuge stabil gebaut sein; auch eine Außenlandung, etwa auf Äckern und ungeerntetem Getreide, muss das Flugzeug aushalten und dabei dem Piloten bestmöglichen Schutz bieten. Im Falle einer Außenlandung ist es nicht möglich, das Flugzeug wieder zu starten. Es wird „abgerüstet“ (die Tragflächen und das Höhenleitwerk werden abgebaut) und das Flugzeug wird in einem Transportanhänger zu einem Flugplatz gebracht. Segelflugzeuge sind in der Regel so konstruiert, dass sie sich in wenigen Minuten in ihre Bestandteile (Flügel, Rumpf, Leitwerke) zerlegen lassen.

Startarten

Segelflugzeug im Flugzeugschlepp

- *Flugzeugschlepp* – Beim Flugzeugschlepp wird das Segelflugzeug von einem motorisierten Leichtflugzeug (dem *Schleppflugzeug*), Ultraleichtflugzeug oder Motorsegler in die Luft gezogen. Das Schleppseil wird normalerweise an der Bugkupplung oder in seltenen Fällen auch an der Schwerpunktkupplung an der Unterseite des Segelflugzeugs eingeklinkt. Die Höhe, bei der das Segelflugzeug ausklinkt, liegt üblicherweise zwischen 500 m und 1500 m. Nach dem Ausklinken zieht das Schleppflugzeug das Schleppseil entweder auf eine im Rumpf befindliche Haspel ein oder wirft es vor der Landung über der Startstelle ab.
- *Windenstart* – Beim Windenstart wird ein langes Stahl- oder Kunststoffseil mit (durch den Windenfahrer) kontrollierter Geschwindigkeit eingezogen, während der Pilot den Steigflugwinkel steuert. Bei einer gewissen Schlepphöhe erreicht das Seil einen konstruktiv vorgegebenen Winkel zur Flugzeug-Längsachse, bei dem es aus der Schleppkupplung herausfällt, ohne dass der Pilot manuell ausklinken muss. Bei Längen der Schleppstrecke von 800 m bis 3000 m sind Ausklinkhöhen von 300 m bis 1300 m erreichbar (u. a. abhängig von Wind und Flugzeugtyp). Moderne, leichte Kunststoffseile ermöglichen bei langen Schleppstrecken signifikant größere Ausklinkhöhen.
- *Eigenstart* – Motorsegler besitzen einen Motor, mit dem sie zumeist in der Lage sind, alleine zu starten (Eigenstart). Es gibt auch Motorsegler, die mit einem schwächeren Motor ausgerüstet sind (so genannte Heimkehrhilfe, unter Segelfliegern auch Flautenschieber genannt), mit dem sie nicht alleine starten können, sondern der nur eingesetzt wird, um Gebiete mit zu geringer Thermik ohne Höhenverlust durchfliegen zu können, um eine Außenlandung zu vermeiden. Diese Antriebe sind bei modernen Segelflugzeugen in der Regel als

Klapptriebwerk ausgeführt, bei denen ein Propellerturm aus dem Rumpfrücken hinter den Tragflächen herausklappt. Der Motor ist dann entweder an diesem Turm befestigt oder er verbleibt im Rumpf. In diesem Fall wird der Propeller dann über einen Zahnriemen mit entsprechender Untersetzung angetrieben.

- *Gummiseilstart* – Der Gummiseilstart war die erste Möglichkeit ein Segelflugzeug zu starten. Er kann nur bei sehr leichten und üblicherweise alten Segelflugzeugen wie zum Beispiel dem SG38 und an einem Hang durchgeführt werden. Dabei wird ein Gummiseil vorne am Flugzeug eingehängt und gespannt während es am Heck festgehalten wird. Auf ein Kommando wird das Flugzeug losgelassen und in die Luft geschleudert.
- *Autoschlepp* – Beim Autoschlepp wird das Flugzeug von einem fahrenden Auto in die Luft gezogen. Es können dabei keine großen Höhen erzielt werden.

Wettbewerbsklassen

Segelflugzeuge werden in verschiedene internationale Wettbewerbsklassen eingeteilt:

- FAI-Standard-Klasse (starres Flügelprofil, 15 m Spannweite, variable Flächenbelastung, max. 525 kg Abflugmasse)
- FAI-15-m-Klasse, auch Rennklasse genannt (15 m Spannweite, Profil durch Wölbklappen veränderbar, variable Flächenbelastung, max. 525 kg Abflugmasse)
- FAI-18-m-Klasse, (18 m Spannweite, Profil durch Wölbklappen veränderbar, variable Flächenbelastung, max. 600 kg Abflugmasse)
- Offene Klasse (max. 850 kg Abflugmasse, sonst keine Einschränkungen)
- Doppelsitzerklasse (zweisitzig, maximal 20 m Spannweite)
- World Class (Einheitsflugzeug PZL PW-5)
- Club-Klasse (ältere Flugzeuge, egal welchen Typs, bis zu einem Leistungsindex von 107, konstante Flächenbelastung)

Beim Segelfliegen gibt es nationale und internationale Wettbewerbe in den Disziplinen *Streckensegelflug* und *Segelkunstflug*.

Neben diesen sog. „zentralen Wettbewerben“ (alle Teilnehmer starten vom gleichen Flugplatz) werden die „dezentralen Wettbewerbe“ immer beliebter. Der in Europa wichtigste Wettbewerb ist der Online-Contest (OLC), bei dem die Teilnehmer ihre standardisierten GPS-Logger-Dateien einreichen und in einer Einzel- sowie einer Vereinswertung gewertet werden.

Bei den zentralen Wettbewerben wird die geflogene Strecke und die dabei erreichte Schnittgeschwindigkeit in der Wertung berücksichtigt, während bei den dezentralen Wettbewerben ausschließlich die geflogene Gesamtstrecke zählt. Einen bestimmten Bonus erhält man für die vorhergehende Ansage der geflogenen Strecke und einer Streckenführung, die einem gleichseitigen Dreieck ähnelt. Um die unterschiedlichen Flugzeugtypen innerhalb der Wettbewerbsklassen vergleichbar zu machen, wurde ein Segelflug Index eingeführt.

Siehe auch

- Hängegleiter
- Paraglider
- Aerodynamik
- Außenlandung
- Segelflugschein
- Sicherheitslandung
- Flächenbelastung
- Kuller
- Liste von Flugzeugtypen
- Deutsche Segelflugrekorde

Lo-100, D-0546 & D-6212 Kamen-Heeren

- Fluginstrumente

Weblinks

- Der deutsche Segelflug Server [2] – hier kann man sich sehr ausgiebig über das Segelfliegen informieren (es gibt unter anderem eine Liste mit Segelflugvereinen in Deutschland)
- Der Server des Segelflugverbandes der Schweiz [3] – mit vielen Links zu Clubs in der Schweiz
- Institut für Flugzeugbau und Leichtbau der TU Braunschweig [4] – unter anderem mit einem Video des Flügelbruchversuch am Segelflugzeug SB14

Fußnoten

[1] http://www.lba.de/cln_011/DE/Oeffentlichkeitsarbeit/Statistiken/Statistik_Luftfahrzeuge.html?nn=20300 Statistik des LBA]
[2] http://www.segelflug.de/
[3] http://www.segelfliegen.ch/
[4] http://www.ifl.tu-bs.de/

Start-_und_Landebahn

Die **Start- und Landebahn** (SLB) ist die (meist befestigte) Fläche eines Flugplatzes oder Flugzeugträgers, auf der einerseits startende Flugzeuge bis zur Abhebegeschwindigkeit beschleunigen und dann abheben, andererseits landende Flugzeuge aufsetzen und abbremsen oder ausrollen. Für den Beschleunigungsweg wird eine längere Pistenlänge benötigt, als für dem Bremsweg der Landung. Meist werden Pisten sowohl für Starts und Landungen benutzt; in seltenen Fällen können Faktoren wie zum Beispiel eine Hindernissituation oder eine spezielle Rolllogistik eine ausschließliche Nutzung für Starts oder Landungen bedingen. Dies ist z.B. in Frankfurt und in London-Heathrow der Fall.

Pistensystem des Flughafens Zürich aus der Vogelperspektive

Im englischen Sprachgebrauch existiert deswegen auch nur der Ausdruck *runway* (abgekürzt als RWY). In der deutschen Fachsprache wird synonym für *Start- und Landebahn* auch *Piste* oder kurz *Bahn* verwendet. In der Schweiz und im deutschsprachigen Flugfunk verwendet man ausschließlich die Bezeichnung *Piste*.[1]

Eine Bahn wird aus Sicherheitsgründen zu jedem Zeitpunkt nur von einem Flugzeug benutzt, insbesondere dann, wenn diese als Start- *und* Landebahn verwendet wird. Dies geschieht teilweise jedoch in sehr schneller Abfolge, vor allem an Flugplätzen mit hoher Auslastung ist oft zu beobachten, dass am Ende der Start-/Landebahn ein Flugzeug abhebt, während auf der anderen Seite ein anderes Luftfahrzeug kurz vor der Landung steht.

Diese Bahnen gehören zur Flughafeninfrastruktur.

Bauliche Ausführung

Oberfläche/Unterbau

Als Start- und Landebahn definiert man eine befestigte Fläche, die zum Starten und Landen von Flugzeugen geeignet ist. Sie muss in ihrer Bauweise so angelegt sein, dass sie den damit verbundenen Belastungen standhalten kann.

Bauarbeiten am Runway in São Paulo

Je nach Anforderung können Start- und Landebahnen sehr unterschiedlich konstruiert sein. Während leichte Flugzeuge von einfachen kurzgemähten Grasbahnen aus starten können, ist dies schweren Verkehrsflugzeugen nicht möglich, da ihre Fahrwerke im Boden einsinken würden. Jeder Verkehrsflughafen verfügt daher heutzutage über mindestens eine befestigte Start- und Landebahn. Die Stärke der Beläge der Bahnen beträgt zwischen 25 cm bis hin zu 1 m für hochbelastete Bahnen[Beleg]. Sie bestehen entweder aus Asphalt oder Beton. Beton wird aufgrund seiner längeren Lebensdauer von bis zu 40 Jahren v. a. an großen Flugplätzen genutzt. Der günstigere Asphalt mit einer Lebensdauer von 15 bis 20 Jahren kommt häufig an kleineren Flugplätzen zum Einsatz. Die Oberflächen müssen bei den verschiedensten Wetterverhältnissen ein gutes Reibungsverhalten aufweisen und frei von Unregelmäßigkeiten sein, um den bestmöglichen Ablauf der Flugbewegungen sicherzustellen.[2]

Die Pisten bestehen neben den genannten Untergründen aber auch aus Schotter oder Sand. Sie werden so eben wie möglich gebaut, um einen ruhigen Startlauf der Flugzeuge zu gewährleisten. Bei Betonpisten ist der Boden oft in der Länge gerillt („Grooving"), damit das Wasser abfließen kann und kein Aquaplaning entsteht.

Das größte Problem von Graspisten besteht darin, dass sie nach starken Regenfällen für lange Zeit unbenutzbar werden können. Um dem vorzubeugen, wird der Boden entweder vor dem Bau des Flugplatzes drainiert oder der Boden mit Gittern verstärkt (beispielsweise Flugplatz Speck-Fehraltorf LSZK in der Schweiz). Die Tragfähigkeit der Bahnen kann mit der Pavement Classification Number klassifiziert werden.

Auch bei Landeplätzen für Wasserflugzeuge spricht man teilweise von Start- und Landebahnen.[3]

Länge und Breite

Die Länge und Breite der Start- und Landebahn hängt vom Bemessungsflugzeug ab. Das ist das Luftfahrzeug, das auf der entsprechenden Start-/Landebahn am häufigsten betrieben wird. Für größere Luftfahrzeuge wird dann bei Notwendigkeit eine eventuelle Ausnahmegenehmigung erteilt. So kann der Einsatz großer Flugzeuge auf Interkontinentalstrecken zu einem sehr hohen maximalen Startgewicht führen, was wiederum eine Startbahnlänge von 3.000 bis 4.000 m erfordern kann. Ist die erforderliche Länge nicht gegeben, führt dies zu Beschränkungen der Flugzeuge bezüglich ihres Gewichtes und folglich ihrer Reichweite. Standortbezogene Faktoren haben ebenfalls einen Einfluss auf die Mindestlänge der Pisten. Eine verminderte Triebwerksleistung und ein verschlechterter Auftrieb entstehen nicht nur durch die hohe Lage eines Flugplatzes, sondern auch durch hohe Temperaturen am Standort. Deswegen müssen die Bahnen prozentual je nach Flugplatzbezugstemperatur verlängert werden. Diese entspricht der durchschnittlichen Tageshöchsttemperatur des heißesten Monats des Jahres.[4] Die Breite der Start- und Landebahnen wird ebenfalls von den technischen Daten der Flugzeuge beeinflusst. Für die meisten gängigen, großen Flugzeugtypen genügt die Standardbreite vieler Bahnen von 45 Meter. Ein Großraumflugzeug wie der A380 erfordert jedoch eine Bahnbreite von 60 Metern.[5] Allerdings erteilte die *A380 Airport Compatibility Group* (AACG) für gewisse Flugplätze eine Ausnahmegenehmigung für 45 m breite Landebahnen.

Landebahn (RWY 31) am Flughafen Ruzyně in Prag

Beispiel für ein Pistensystem. Grau: Start- und Landebahnen, blau: Rollbahnen (*taxiways*)

Bei den Militärflugplätzen werden die Start- und Landebahnen auch entsprechend den Flugzeugtypen, die sie benutzen sollen, gebaut. Die Bahn muss bei den großen Transportmaschinen um die 2,5 Kilometer lang sein, wogegen Jagdflugzeuge kürzere Strecken benötigen, und kleinere Propellermaschinen mit der geringsten Länge auskommen.

Einigen Ultraleichtflugzeugen genügt eine Start- oder Landestrecke von deutlich unter 100 m. Ultraleichtfluggelände haben typischerweise Grasbahnen um 250 m Länge.

Unterteilt werden die Bahnen nach ICAO-Annex 14 in vier Größen

- Codezahl 1: kleiner 800 Meter Bezugsstartbahnlänge

- Codezahl 2: 800 Meter bis kleiner 1200 Meter Bezugsstartbahnlänge
- Codezahl 3: 1200 Meter bis kleiner 1800 Meter Bezugsstartbahnlänge
- Codezahl 4: 1800 Meter und mehr Bezugsstartbahnlänge

Für die Einordnung ist auch eine Mindestbreite notwendig, bei Neuanlagen wird diese Bahn ansonsten nicht genehmigt

- Codezahl 1: Breite von 18 Meter bis 23 Meter
- Codezahl 2: Breite von 23 Meter bis 30 Meter
- Codezahl 3: Breite von 30 Meter bis 45 Meter
- Codezahl 4: Breite von 45 Meter bis 60 Meter

Das Ultraleichtfluggelände Dörzbach-Hohebach hat zwei gekreuzte Start- und Landebahnen von 230 bzw. 290 m Länge

Die längste Bahn der Welt in der zivilen Luftfahrt hat eine Länge von 5.500 Metern (14/32) am Flughafen Bangda (ICAO-Code: ZUBD) in der Region Tibet (V.R. China). Die kürzeste Bahn eines internationalen Verkehrsflughafens für Flugzeuge mit Strahltriebwerken weist der Flughafen Yap (Mikronesien) mit 1.469 Meter auf.

Im australischen Outback werden normale Straßen zugleich als Landebahnen genutzt (Royal Flying Doctor Service)

Unmittelbar um die Start- und Landebahn herum ist der Sicherheitsstreifen genehmigungsrechtlich festgelegt. Dieser hat je nach Größe der Start- und Landebahn und Nutzung (Instrumentenflug (IFR)/Sichtflug (VFR)) eine Breite von je 30 m (VFR) rechts und links der Bahn bis zu 150 m (IFR ILS) je Seite und muss eingeebnet und hindernisfrei sein. Innerhalb des Streifens darf sich als Hindernis aus flugsicherungstechnischen Gründen nur der Gleitwegsendemast und der Monitormast befinden. Der Streifen beginnt bei 30 m (VFR) bis 60 m (IFR) vor der Bahn und endet bei 30 m oder 60 m nach Ende der Bahn. Vor und hinter dem Streifen befindet sich jeweils die RESA (runway end safety area – Start-/Landebahnendsicherheitsfläche). Die RESA hat eine Länge von min. 30 m (VFR) bis zu 90 m (IFR, von ICAO empfohlen 240 m bei IFR). Die Breite beträgt die des Streifens, mindestens aber doppelte Bahnbreite.

Der Punkt auf der Bahn, an dem ein landendes Luftfahrzeug frühestens aufsetzen darf, wird als Landeschwelle (englisch *Threshold*) bezeichnet. Die Markierung dieser Schwelle sieht wie ein Zebrastreifen aus. Davon zu unterscheiden ist der reale Aufsetzpunkt, der je nach Bahnlänge, Fluggerät und Windbedingungen mehr oder weniger weit hinter der Schwelle liegen kann.

Am Ende der Bahn kann unter Umständen je nach Hindernissituation eine Freifläche (Clearway) eingerichtet werden. Deren Länge ergibt mit der vorhandenen Startlaufstrecke TORA (take off run available) die TODA (take off distance available). Ebenso könnte unter Umständen ein Stopway eingerichtet werden. Dieser Stopway addiert sich zur vorhandenen ASDA (accelerate stop distance available).

Ausrichtung

Während früher die Flugplätze in Deutschland meist rund[Quelle?] und so in jeder Richtung benutzbar waren, werden heute die Start- und Landebahnen so gebaut, dass sie in ihrer Richtung den lokalen Windverhältnissen angepasst sind. Flugzeuge starten und landen grundsätzlich gegen den Wind, um maximalen Auftrieb zu erzeugen und die Start- bzw. Landestrecke zu verkürzen. Aus diesem Grund ist die Hauptbahn idealerweise nach der Hauptwindrichtung gebaut. Leichte Abweichungen hiervon können durch geografische Gegebenheiten sowie Anflugverfahren notwendig werden. Die Lage weiterer Bahnen soll so gewählt werden, dass der Benutzbarkeitsfaktor des Flughafens mindestens 95% beträgt. Das bedeutet, falls an einem Standort häufig so starke

Querwinde herrschen, dass die Hauptbahn nicht permanent betrieben werden kann, sollte eine Querwindbahn vorhanden sein. Je kleiner das Flugzeug, das die Bahn nutzen soll, desto niedriger ist die zulässige Querwindkomponente. Zur Planung der Start- und Landebahnausrichtungen sollten über mindestens fünf Jahre hinweg mehrmals täglich Beobachtungen der Windverteilung gemacht werden, um eine möglichst hohe Benutzbarkeit der Bahnen zu gewährleisten.[6]

Eine besonders schwierige Situation entsteht, wenn Scherwindsituationen (engl. *windshear*) auf der Start- bzw. Landebahn herrschen. Scherwinde sind durch den Boden umgeleitete Auf- und Abwinde, die als starke Böen in Erscheinung treten. Im Wetterradar kann man zwar Schlechtwettergebiete schon weit im Voraus erkennen und umfliegen, Scherwinde werden jedoch nicht angezeigt.

Allerdings gibt es inzwischen ein sogenanntes *windshear warning system*, welches nicht nur eine Windscherung erkennt, wenn sie aktuell auftritt (hervorgerufen durch mehr als 15 kts vertikaler oder 500 fpm horizontaler Abweichung (Def.)), sondern auch ein sogenanntes „Predictive Windshear System", welches auch vor dem Flugzeug liegende große Auf- und Abwindfelder erkennt. Wenn das Risiko zu groß wird, muss auf einem anderen Flughafen gelandet werden.

Konfigurationen

Meteorologische und geografische Faktoren an Flugplätzen erfordern verschiedene Konfigurationen der Start- und Landebahnen. Mögliche Konfigurationen sind das Einbahn-, das Parallelbahn-, das Kreuzbahn- und das V-Bahnsystem, sowie Kombinationen daraus. Die Kapazität, als maximal mögliche Anzahl an Flugbewegungen wird maßgeblich, aber nicht ausschließlich vom Bahnensystem bestimmt. Weitere kapazitätslimitierende Einflussfaktoren sind Wind- und Sichtverhältnisse, Verzögerungen bei hohem Verkehrsaufkommen, Staffelungen, vorhandene Navigationshilfen, Flugzeugmix, An- und Abflugverfahren sowie die Kapazität der Vorfelder und der Rollbahnen. Die dadurch ermittelte Kapazität stellt keinen absoluten Wert dar, sondern einen simulierten Annäherungswert.[7]

Die einfachste Variante ist das Einbahnsystem, bei dem nur eine Start- und Landebahn in Hauptwindrichtung vorhanden ist. Es wird v.a. von kleineren Flugplätzen genutzt, die keine ungünstigen Querwinde vorzuweisen haben. Mit diesem System können je nach bodentechnischen Einrichtungen jährlich 180.000 bis zu 230.000 Flugbewegungen durchgeführt werden.

Bei einem Parallelbahnsystem sind zwei oder mehr Bahnen in paralleler Anordnung vorhanden. Dies setzt wie beim Einbahnsystem voraus, dass am Standort kaum starke Gegenwinde, die den Betrieb einschränken würden, vorhanden sind. Dabei sind der Abstand und der Versatz der Bahnen voneinander entscheidend dafür, um wie viele Bewegungen sich die Kapazität erhöht. Dieser Abstand, der über die Betriebsart entscheidet, wird anhand der Distanz der Bahnmittellinien voneinander gemessen. Hierbei gibt es eine Unterscheidung nach nahem, weitem und mittlerem Bahnabstand („close", „far", „intermediate"). Ein Abstand von über 1.035 m bedeutet, dass die Bahnen unter jeglichen Bedingungen unabhängig voneinander betrieben werden können (Ausnahme: Schwellenversatz der beiden Bahnen). Dies führt zu einer verdoppelten Kapazität von maximal 120 Bewegungen pro Stunde oder 310.000 bis 380.000 Flugbewegungen pro Jahr. Bei einem Abstand von unter 1.035 m ist kein unabhängiger Betrieb beider Bahnen möglich. Je nach Abstand entstehen unterschiedlich starke Abhängigkeiten, welche die Kapazität des Bahnsystems maximal auf die Kapazität eines Einbahnbetriebes reduzieren können.

Beim Kreuzbahnsystem handelt es sich um zwei Bahnen unterschiedlicher Ausrichtung, die sich an einer Stelle kreuzen. Die unterschiedliche Ausrichtung der Bahnen wird durch Winde aus verschiedenen Richtungen bedingt. Wären an solchen Standorten nur Bahnen einer Ausrichtung vorhanden, würde dies zu einer Kapazitätseinschränkung bei starken Seitenwindverhältnissen führen. Durch die Bahnen unterschiedlicher Ausrichtung ist gewährleistet, dass eine Bahn immer den Windverhältnissen entspricht. Bei geringen Windstärken können sogar beide Bahnen betrieben werden. Die Kapazität ist beim Kreuzbahnsystem zusätzlich zur Betriebsrichtung stark von der Lage des Schnittpunktes beider Bahnen abhängig. Je geringer die Entfernung des

Schnittpunktes von den Enden der Bahnen ist, desto höher ist die Kapazität des Systems.

Das V-Bahnsystem ähnelt in seiner Konfiguration dem Kreuzbahnsystem, jedoch schneiden sich die beiden Bahnen unterschiedlicher geografischer Richtung nicht. Die Bahn mit der vorherrschenden Betriebsrichtung wird auch als Hauptbahn bezeichnet, und die andere dementsprechend als Querwindbahn. Bei starkem Wind wird die Kapazität eingeschränkt, da in diesem Fall nur eine Bahn betrieben werden kann. Dahingegen können bei leichtem Wind beide Bahnen simultan genutzt werden. Eine höhere Kapazität wird erreicht, wenn die Bewegungen vom V wegführend stattfinden. In diesem Fall können bis zu 100 Flugbewegungen stündlich stattfinden.[8]

Beispielhafte Anordnungen (bildhaft)

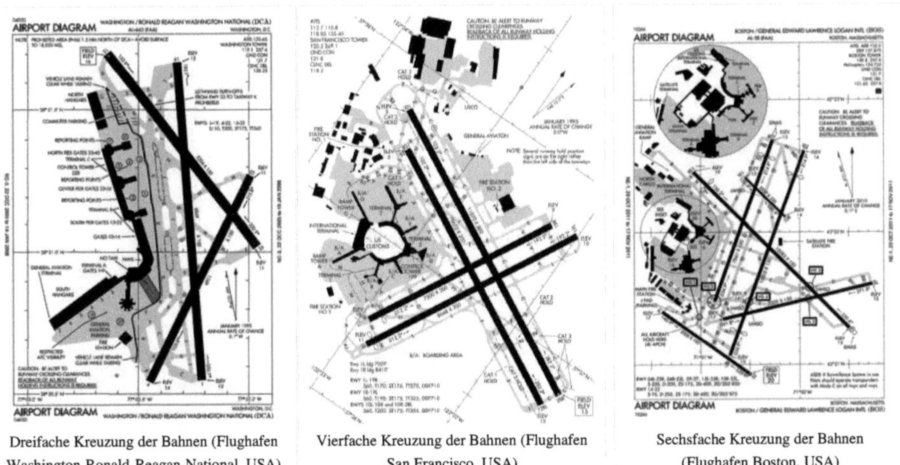

Dreifache Kreuzung der Bahnen (Flughafen Washington-Ronald-Reagan-National, USA)

Vierfache Kreuzung der Bahnen (Flughafen San Francisco, USA)

Sechsfache Kreuzung der Bahnen (Flughafen Boston, USA)

Neigung

Die Start- und Landebahn darf in Europa nur einen geringen Neigungswinkel von wenigen Grad aufweisen, da der Start bergauf erschwert würde, und eine Landung auf geneigter Bahn erheblich schwieriger ist. Pro 1% Längsneigung der Bahn muss eine Verlängerung um jeweils 10% der Bezugsstartbahnlänge erfolgen, da ein Höhenunterschied innerhalb der Startbahn ein geringeres Beschleunigungsvermögen des Flugzeugs zur Folge hat.

Max. Längsneigung:

- 0,1% bei Codezahl 4
- 0,2% bei Codezahl 3
- 0,4% bei Codezahl 1 und 2

Aber auch da gibt es Ausnahmen: der Alpenflugplatz Courchevel hat eine Bahnneigung von 18,5% oder ca. 11°. Bei solchen Altiports kann aufgrund starker Bahnneigung oder anderer geografischer Besonderheiten oft nur in eine Richtung gelandet und in Gegenrichtung gestartet werden.

Sonderfall Flugzeugträger

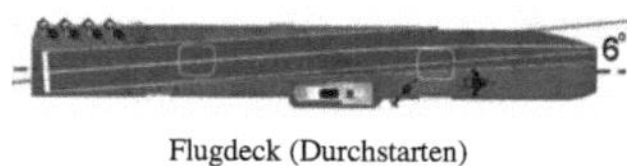

Flugdeck (Durchstarten)

Auf großen Flugzeugträgern mit einem Winkelflugdeck gibt es zwei getrennte Bahnen. Während über den Bug hinaus ausschließlich gestartet werden kann, kann die längere Landebahn, die um einige Grad aus der Längsachse abgewinkelt ist, für Starts und Landungen benutzt werden, da sich bei modernen Trägern auch dort ein Flugzeugkatapult befindet. Kleinere Träger mit geradem Flugdeck, die eine kombinierte Start- und Landebahn besitzen, setzen am Ende der Startbahn einen „Ski-Jump" ein, der die Flugzeuge in die Luft katapultiert.

Landebahnkennung

Die Bahnen werden mit ihrer Landebahnkennung (engl. *runway designator*) bezeichnet, die sich an den Gradzahlen der Kompassrose orientieren. Die Gradzahl wird durch zehn geteilt und kaufmännisch gerundet. Verläuft zum Beispiel eine Bahn in Ost-West-Richtung (90 bzw. 270 Grad) wird sie die Kennzeichnung 09/27 aufweisen. Die kleinere Zahl steht immer an erster Stelle, unabhängig von der gerade genutzten Betriebsrichtung der Bahn. Eine Bahn, die in einer Richtung mit *04* bezeichnet wird, wird in der entgegengesetzten Richtung die Kennzeichnung *22* führen. Beide Nummern unterscheiden sich um 180 Grad, also 18. Jede dieser beiden Nummern ist als große weiße Zahl am jeweiligen Anfang der Bahn aufgemalt, sodass sie vom Piloten aus der Luft bereits aus einiger Entfernung erkannt werden kann.

Landebahnkennung laut ICAO

Da der Pilot sich bei der Landung an seinem Magnetkompass orientiert, richten sich die Kennzeichnungen nach dem Erdmagnetfeld. Eine Landebahn mit der Kennzeichnung 36 weist also in Richtung der örtlichen Feldlinien des Erdmagnetfeldes und damit nicht unbedingt auf den geographischen Nordpol. Die Abweichung beträgt in Deutschland nur wenige Grad, in anderen Ländern kann sie erheblich höher sein. Da sich zudem das Magnetfeld der Erde permanent ändert, können sich auch die Kennungen bestehender Bahnen ändern. So wurde zum Beispiel die Bahn 15/33 des Flughafens Sylt im Juni 2006 auf 14/32 umbenannt, weil die eingerechnete Variation einen missweisenden Wert ergab, der näher an der 14/32 liegt.

runway designator der Startbahn 24 des Flughafens Lukla

Verfügt ein Flugplatz über zwei Start- und Landebahnen, die parallel verlaufen und somit die gleichen Nummern als Kennzeichnung haben, so wird der rechts gelegenen Bahn der Buchstabe *R* (vom englischen *right*) hinzugefügt und der linken Bahn ein *L* (vom englischen *left*). Die volle Kennzeichnung wäre in einem solchen Fall, zum Beispiel, Startbahn *07R* und Startbahn *07L*. Wenn es sogar eine dritte parallele Bahn gibt, wird für die mittlere Piste der Buchstabe *C* (vom englischen *center*) gebraucht.[9] Bei mehr als drei parallelen Bahnen (beispielsweise am Flughafen Los Angeles) werden die Bezeichnungen für zwei Bahnen häufig abgerundet, während die Bezeichnung für die beiden anderen Bahnen aufgerundet wird. Die vier Bahnen in Kompassrichtung 249 werden dann beispielsweise als 25R, 25L, 24R und 24L bezeichnet.

Im Flugbetrieb wird immer nur eine Richtung genutzt. Diese legt der Tower fest und orientiert sich dabei in der Regel an der derzeitigen Windrichtung, um Luftfahrzeugen Starts und Landungen gegen den Wind zu ermöglichen, um kurze Startläufe und Landewege zu erreichen. Dabei kann es durchaus vorkommen, dass im laufenden

Flugbetrieb die Betriebsrichtung geändert wird. Aus Betriebsrichtung *18* wird dann *36*, das heißt, Starts und Landungen finden nicht mehr in Richtung Süden, sondern nach Norden statt.

Markierungen

Die Start- und Landebahnen verfügen weiterhin über weiße Markierungen, die dem Piloten beim Starten, und vor allem beim Landen helfen, die verschiedenen Abschnitte der Bahn und deren mittlere Achse zu erkennen, um auf diese Weise sicher zu manövrieren. In dem Bild rechts gilt die Markierung für eine Codezahl-4-Bahn (Bahnlänge größer 1.800 Meter).

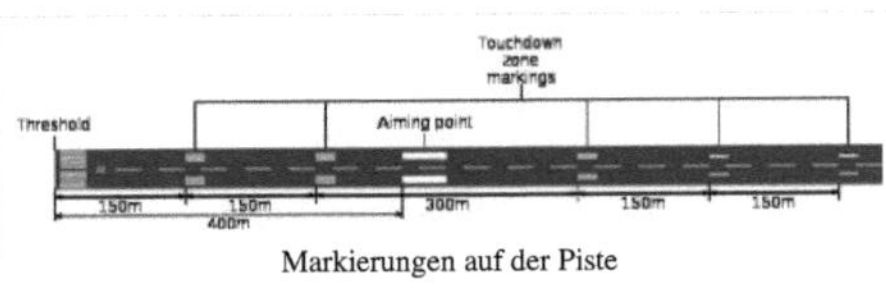

Markierungen auf der Piste

Befeuerung

Für die Starts und Landungen bei Dunkelheit und bei Nebel verfügen manche Start- und Landebahnen über eine Befeuerung, die die seitliche Begrenzung, die Mitte, den Anfang und das Ende der Bahn und einige der Abschnitte markiert.

Landebahnbefeuerung (Flughafen Hamburg)

Alle Taxiways (Rollbahnen) sind mit blauen Lichtern befeuert, Start- und Landebahnen mit weißen. Die Mittellinienmarkierung ist auch weiß befeuert, kann aber zusätzlich codiert sein. Das heißt, die letzten 900 Meter der Mittellinienmarkierung einer Bahn sind nicht mehr weiß, sondern rot und weiß codiert. Diese 900 Meter teilen sich auf in 600 Meter in Rot und Weiß und die letzten 300 Meter nur in Rot.

Anflugbefeuerungen werden unterschieden für Präzisionsanflüge und Nicht-Präzisionsanflüge. Präzisionsanflüge bedürfen einer Mindestlänge von 720 Metern Anflugbefeuerung (bei ILS-Kategorie CAT I), bei CAT II und CAT III 900 Meter.

Bahnen für Nicht-Präzisions-Anflüge sollen mit einer mindestens 720 Meter langen Anflugbefeuerung ausgestattet sein. Ausnahmen bis auf 420 Meter sind möglich. Unter gewissen physikalischen Gegebenheiten (Abhang oder ähnlich) ist auch eine kürzere Länge der Anflugbefeuerung, jedoch unter weiteren Auflagen möglich, so beispielsweise in Allendorf/Eder: GPS-Anflugverfahren, aber nur 150 Meter Anflugbefeuerung (allerdings Heraufsetzung der MDH).

Manche Scheinwerfer im Landeanflug, VASI genannt, ermöglichen eine Überprüfung des Drei-Grad-Sinkfluges zur Bahn durch zwei oder vier hintereinander angeordnete Scheinwerfer *(„White white: your height!, red white: you're right!, red red: you're dead.")*. Eine präzisere Landehilfe bietet das Precision-Approach-Path-Indicator-System (PAPI), das vier nebeneinanderstehende Lampen verwendet. Auch hier gibt es einen Farbcode aus Rot (zu niedrig) und Weiß (zu hoch); der richtige Gleitpfad ist erreicht, wenn der Pilot zwei rote und zwei weiße Lichter sieht.

Betrieb

Flugzeuge werden häufig an größeren Flugplätzen durch ein Follow-me-Car von der Landebahn zur Parkposition gebracht. Insbesondere ist es üblich, Flugzeuge, die nicht an einem Gate abgefertigt werden oder selbständig zum GAT rollen, von einem Follow-me-Car zu ihrer Abstellposition zu begleiten. An den Gates großer Flughäfen erfolgt eine Einweisung durch Bodenpersonal, sogenannte Marshaller.

Bei entsprechenden Witterungsbedingungen kann die Bahn nur verwendet werden, wenn sie von Schnee geräumt und zum Auftauen bzw. zur Verhinderung von Eisbildung mit Bewegungsflächenenteiser behandelt wurde.

Flughäfen mit vielen Startbahnen

Die Flughäfen Dallas/Fort Worth und Chicago (zweitgrößtes Passagieraufkommen weltweit) verfügen über sieben Start- und Landebahnen. Über sechs Bahnen verfügt der flächenmäßig größte Flughafen der USA, der Flughafen Denver, während der Flughafen mit den weltweit höchsten Passagierzahlen, der Flughafen Atlanta, „nur" über fünf Bahnen verfügt. Der größte niederländische Flughafen Amsterdam verfügt ebenfalls über sechs Bahnen. Der Flughafen Paris-Charles de Gaulle, der Flughafen Frankfurt am Main und der größte Flughafen Japans, der Flughafen Tokio-Haneda verfügen über vier Bahnen, während der größte Flughafen Belgiens, der Flughafen Brüssel-Zaventem, über drei Bahnen verfügt. Der Flughafen London-Heathrow (größtes internationales Passagieraufkommen in Europa, drittgrößtes Gesamtpassagieraufkommen weltweit) verfügt über drei Bahnen, von denen nur zwei in Betrieb sind.

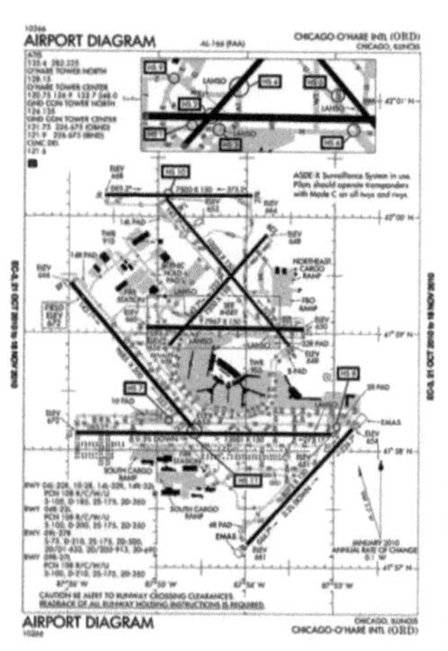

Flughafen Chicago

Dubai baut momentan am „größten Flughafen der Welt", dem Al Maktoum International Airport. Er soll als Ergänzung zum bestehenden Dubai International Airport über fünf parallel angeordnete Start- und Landebahnen und eine Kapazität von 160 Millionen Passagieren verfügen.

Start- und Landebahnen der deutschen Flugplätze

Im internationalen Vergleich verfügen Deutschlands Flugplätze über eine relativ geringe Anzahl an Start- und Landebahnen. Die Liste der internationalen Verkehrsflughäfen gemäß der Richtlinie des BMVBS beinhaltet 16 Flugplätze. Unter ihnen verfügt nur der Flughafen Frankfurt am Main über vier Bahnen. Mit einem momentanen Maximum von drei Bahnen sind die Flughäfen Hannover und Köln/Bonn ausgestattet. Sechs von ihnen verfügen über zwei Pisten: Berlin Tegel, Bremen, Düsseldorf, Hamburg, Leipzig/Halle und München. Die verbleibenden 7 Flughäfen haben nur eine Start- und Landebahn.

- Der Flughafen München plant eine dritte parallele Start- und Landebahn, die wie die beiden vorhandenen 4000 m lang und 60 m breit sein wird. Dadurch erhöhen sich die stündlich möglichen Flugbewegungen von 90 auf 120.
- Der neue Flughafen Berlin Brandenburg (BER) wird über zwei parallele Start- und Landebahnen verfügen: die ehemalige Südbahn des Flughafens Berlin-Schönefeld, die im Zuge des Neubaus auf 3600 Meter verlängert wird, und eine neue Piste mit 4000 Metern Länge und 60 Metern Breite.
- Flughafen Nürnberg: Der größte Teil der Sanierungsarbeiten an der 2700 Meter langen Start- und Landebahn wurde im Sommer 2010 abgeschlossen. In mehreren Bauabschnitten soll die im Kern über 50 Jahre alte Piste bis zum Jahr 2015 schrittweise erneuert und mit moderner Technik ausgestattet werden.

Siehe auch

- Liste der größten Verkehrsflughäfen
- Liste der Verkehrsflughäfen in Deutschland
- Instrumentenlandesystem (ILS)
- Autobahn-Behelfsflugplatz
- Start- und Landeplatz
- Liste der längsten Start- und Landebahnen

Einzelnachweise

[1] AIP GEN 3.4, online bei Eurocontrol (PDF) (http://www.ead.eurocontrol.int/eadbasic/pamslight/OODUMTUY4LXFU/EN/AIP/GEN/ED_GEN_3_4_en_2011-01-13.pdf)
[2] Wells A.,Young B., Airport Planning & Management, 5.Auflage, New York, 2004, S. 102
[3] Flugplatzdaten Wasserlandeplatz Welzow Sedlitzer See (http://www.flugplatz-welzow.de/de/wasserflieger/fpldaten.html)
[4] Häp U. Bewertungsverfahren für Planungsvarianten von Start- und Landebahnen bei einem Flugplatzausbau, Schriftenreihe, Heft 51, Neubiberg, 2007, S. 51f.
[5] Wells A., Young B., a.a.O., 2004, S. 105
[6] Mensen H., Planung Anlage und Betrieb von Flugplätzen, Berlin, 2007, S. 324
[7] Häp U., a.a.O., 2007, S. 53f.
[8] Mensen H., a.a.O., 2007, S. 325ff.
[9] Häp U., a. a. O., 2007, S. 50 f.

Flugzeug

Als **Flugzeug** wird umgangssprachlich ein Luftfahrzeug der Gruppe „schwerer als Luft“ bezeichnet, das den zum Fliegen erforderlichen Auftrieb aus meist seitlich an einem Rumpf angebrachten Tragflächen bezieht. Der Fachbegriff *Luftfahrzeug* wird im dortigen Artikel beschrieben.

Cessna 172: Mit mehr als 43.000 Exemplaren einer der meistgebauten Flugzeugtypen weltweit

Im Gegensatz zu Luftfahrzeugen, die leichter als Luft sind (oder nur unwesentlich schwerer) und den statischen Auftrieb nutzen (wie Ballone oder Luftschiffe), entsteht der Auftrieb bei Flugzeugen erst, wenn die Luft die Tragflächen umströmt. In Fachbüchern werden mitunter auch die Drehflügler (Hubschrauber u.ä.) den Flugzeugen zugeordnet; diese werden im gesonderten Artikel Drehflügler beschrieben.

Der Betrieb von Flugzeugen, die am Luftverkehr teilnehmen, wird durch Luftverkehrsgesetze geregelt.

Boeing 737: mit mehr als 6.600 Exemplaren die meistgebaute Familie strahlgetriebener Passagierflugzeuge

Definition

Die Internationale Zivilluftfahrtorganisation ICAO definiert den Begriff *Flugzeug* wie folgt:

> „*Aeroplane*. A power-driven heavier-than-air aircraft, deriving its lift in flight chiefly from aerodynamic reactions on surfaces which remain fixed under given conditions of flight.“
>
> – International Civil Aviation Organization[1]

Im rechtlichen Sprachgebrauch bedeutet das Wort *Flugzeug* also ein *motorgetriebenes Luftfahrzeug schwerer als Luft, das seinen Auftrieb durch unbewegliche Tragflächen erhält,* also das, was allgemeinsprachlich *Motorflugzeug* genannt wird. Wenn in einem Gesetzestext also von *Flugzeugen* die Rede ist, dann sind immer nur Motorflugzeuge gemeint, nicht aber Segelflugzeuge, Motorsegler und Ultraleichtflugzeuge. Letztere sind in Deutschland eine Unterklasse der Luftsportgeräte.

Kampfflugzeuge verschiedenster Generationen über New York - Die General Dynamics F-16, North American P-51, Fairchild-Republic A-10 und McDonnell Douglas F-15 (v.l.n.r.)

Manche Autoren verwenden eine noch weiter gefasste Definition, nach der auch die Drehflügler eine Untergruppe der Flugzeuge darstellen. Die eigentlichen Flugzeuge werden dann zur besseren Abgrenzung als *Starrflügler*, *Starrflügelflugzeug* oder *Flächenflugzeug* bezeichnet.[2] [3] Diese Einordnung widerspricht aber sowohl der rechtlichen Definition als auch dem allgemeinen Sprachgebrauch und kann damit als veraltet betrachtet werden.[4]

Die in diesem Artikel verwendete Definition richtet sich nach der umgangssprachlichen Bedeutung des Begriffes *Flugzeug*, die sämtliche Luftfahrzeuge umfasst, die einen Rumpf mit festen Tragflächen besitzen.[5] [6]

Abgrenzung zu anderen Luftfahrzeugen

Bei klassischen Flugzeugen wird der Auftrieb – bei der Vorwärtsbewegung des Luftfahrzeugs – durch die Luftströmung an den Tragflächen erzeugt. Dabei bildet sich über der Tragfläche durch den Verdrängungsimpuls des Flügels ein Wirbelansatz, der über der Tragfläche einen Unterdruck verursacht und somit eine nach oben gerichtete Auftriebskraft erzeugt. Die Flügel können aber auch flexibel am Flugzeugrumpf fixiert sein. So werden teils horizontal verstellbare Schwenkflügel mit variabler Pfeilung eingesetzt, die der Fluggeschwindigkeit angepasst werden, z. B. beim Kampfflugzeug Tornado.

Im weiteren Sinn benutzen das Starrflügelprinzip auch Luftfahrzeuge mit vollkommen flexiblen Tragflächen, wie Gleit- und Motorschirme, sowie mit zerlegbaren Tragflächen wie bei Hängegleitern.

Schwingenflugzeuge

Das VTOL UAV *Hummingbird* fliegt durch Flügelschlag

Bei Ornithoptern, auch *Schwingenflugzeug* genannt, bewegen sich die Tragflächen wie Vogelflügel auf und ab, um Auftrieb und Vortrieb zu erzeugen. Sie werden daher teils auch *Flatterflügel* genannt. Besonders in der Frühzeit der Luftfahrt wurde versucht, Schwingenflugzeuge nach dem Vorbild der Natur zu bauen. Es ist nicht bekannt, dass personentragende Flugzeuge dieses Typs bisher geflogen sind, es gibt aber funktionsfähige, ferngesteuerte Modell-Ornithopter und Kleinstdrohnen, so z. B. das DelFly der TU Delft.

Rotorflugzeuge

Ein Rotorflugzeug besitzt als Tragorgane Flettner-Rotoren, die den Magnus-Effekt nutzen. Momentan haben Rotorflugzeuge keinerlei praktische Bedeutung. Rotorflugzeuge dürfen nicht mit Drehflüglern verwechselt werden.

Drehflügler

Bei Drehflüglern sind die Tragflächen in Form eines horizontalen Rotors aufgebaut. Die Luftströmung über den Rotorblättern ergibt sich aus der Kombination der Drehbewegung des Rotors und der anströmenden Luft aus Eigenbewegung und Wind.

Einige Drehflügler, wie zum Beispiel die Verbundhubschrauber oder Kombinationsflugschrauber besitzen jedoch neben ihrem Hauptrotor auch mehr oder weniger lange, feste Tragflächen, die für zusätzlichen Auftrieb sorgen.

Fairey Rotodyne: Ein Kombinationsflugschrauber mit Tragflächen

Raketen

Raumgleiter wie das Space Shuttle starten wie Raketen und landen wie Flugzeuge

Anders als das Flugzeug fliegt die Rakete ballistisch, auch wenn sie aerodynamische Steuerflächen haben kann. Diese dienen aber nicht dem Auftrieb, sondern nur der Stabilisierung und Steuerung. Ein Sonderfall ist der Raumgleiter, der meist im ballistischen Flug startet und im aerodynamischen Flug landet. Er kann als Flugzeug angesehen werden.

Bodeneffektfahrzeuge

Bodeneffektfahrzeuge fliegen mit Hilfe von Tragflächen knapp über der Erdoberfläche und ähneln damit tief fliegenden Flugzeugen. Sie sind jedoch in der Regel nicht in der Lage, über den Einflussbereich des Bodeneffektes hinaus zu steigen und gelten daher – ähnlich wie Luftkissenfahrzeuge – nicht als Luftfahrzeuge.

Genereller Aufbau

Traditionell wird ein Flugzeug in drei Hauptgruppen (Konstruktionshauptgruppen) unterteilt: Flugwerk, Triebwerksanlage und Ausrüstung.

Flugwerk

Das Flugwerk besteht aus dem Tragwerk, dem Rumpfwerk, dem Leitwerk, dem Steuerwerk und dem Fahrwerk bei Landflugzeugen bzw. den Schwimmern bei Wasserflugzeugen. Bei Senkrechtstartern und Segelflugzeugen älterer Bauart kann statt des Fahrwerk oder der Schwimmer ein Kufenlandegestell vorhanden sein. In vielen, meisten älteren Veröffentlichungen wird statt Flugwerk der Begriff **Flugzeugzelle** oder einfach Zelle verwendet.[7]

Tragfläche mit um wenige Grad ausgefahrenen Landeklappen

Tragwerk

Das Tragwerk besteht aus Flügel, Vorflügel und Landeklappen.

Leitwerk

Das Leitwerk besteht aus dem Höhenleitwerk mit den Höhenrudern und den zugehörigen Trimmrudern, dem Seitenleitwerk mit dem Seitenruder und dem Trimmruder dafür und den Querrudern. Zudem ist die Hauptaufgabe des Leitwerks die gegebene Fluglage und Richtung zu stabilisieren und Steuerung um alle drei Achsen des Flugzeuges.

Leitwerk	Steuerelemente	Wirkung	Achsensystem
Höhenleitwerk	Höhenflosse und Höhenruder	Drehung um die Querachse	Y-Achse
Seitenleitwerk	Seitenflosse und Seitenruder	Drehung um die Hochachse	Z-Achse
Flächenleitwerk	Querruder und Spoiler	Drehung um die Längsachse	X-Achse

Steuerwerk

Das Steuerwerk oder die Steuerung besteht beim Starrflügelflugzeug aus dem Steuerknüppel oder der Steuersäule mit Steuerhorn oder Handrad und den Seitensteuerpedalen, mit denen die Steuerbefehle gegeben werden. Für die Übertragung der Steuerkräfte bzw. -signale können Gestänge, Seilzüge oder eine Steuerhydraulik, elektrische Signale (Fly-by-Wire) oder auch durch Lichtsignale (Fly-By-Light) eingesetzt werden. Die Steuersäule wird bei einigen modernen Flugzeugen durch den Sidestick ersetzt.

Rumpfwerk

Der Rumpf eines Flugzeuges ist das zentrale Konstruktionselement der meisten Flugzeuge. An den Rumpf wird das Flugwerk angebracht, und beherbergt neben den Piloten auch einen Großteil der Betriebsausrüstung. Bei einem Passagierflugzeug nimmt der Rumpf die Passagiere auf. Oft ist auch das Fahrwerk ganz oder teilweise am Rumpf. Die Triebwerke können in den Rumpf integriert werden. Bei Flugbooten ist der untere Teil des Rumpfes in einer Bootsform für die Wasserung ausgeführt.

Man unterscheidet verschiedene Rumpfformen. Heute sind runde Rumpfquerschnitte die Regel, wenn die Maschine eine Druckkabine besitzt. Frachtmaschinen besitzen oft einen rechteckigen Rumpfquerschnitt, um das Beladevolumen zu optimieren. Die meisten Flugzeuge besitzen einen Rumpf, es gibt jedoch auch Maschinen mit zwei nebeneinander liegenden Rümpfen, einem Doppelrumpf, oder ohne sichtbaren Rumpf, eine Art des Nurflügelflugzeuges.

Fahrwerk

Das Fahrwerk ermöglicht einem Flugzeug sich am Boden zu Bewegen, die erforderliche Abhebegeschwindigkeit zu erreichen, die Landestöße zu absorbieren und Stöße z. B. durch Bodenwellen zu dämpfen. Fahrwerke werden in ein starres und halbstarres Fahrwerk, das auch während des Fluges unverändert seine Position beibehält wobei das halbstarre Fahrwerk Teilweise eingezogen wird (z. B. nur das Bugfahrwerk), und einem Einziehfahrwerk, das vor und nach dem Start oder der Landung eingezogen und gegebenenfalls durch Fahrwerksklappen abgedeckt werden kann, eingeteilt. Einziehfahrwerke sind bei Flugzeugen mit hoher Endgeschwindigkeit unerlässlich. Als Fahrwerksform kommt das Bugradfahrwerk zum Einsatz, bei dem ein kleines Rad unter dem Flugzeugvorderteil angebracht und das Hauptfahrwerk hinter dem Flugzeugschwerpunkt liegt. Dies ermöglicht während des Rollens am Boden gute Sicht für den Piloten. Das ehemals weit verbreitete Heck- oder Spornfahrwerk mit einem kleinen Rad oder einem Schleifsporn am Heck kommt heute nur noch selten zum Einsatz. Eine Besonderheit ist das Tandemfahrwerk, bei dem die Hauptlast tragenden Fahrwerksteile vorne und hinten am Rumpf gleich groß sind und das Flugzeug durch Stützräder am Tragwerk stabilisiert wird.

Triebwerk

Das Triebwerk eines Flugzeuges umfasst einen oder mehrere Motoren (i.a. gleicher Bauart) mit Zubehör. Die häufigsten Bauweisen sind: Kolbenmotor oder Gasturbine (Turboprop) mit Propeller, Strahltriebwerke wie der Turbofan, selten Staustrahltriebwerk und Raketentriebwerk.

Turbofan-Triebwerk einer Boeing 747

Zum Zubehör gehören das Kraftstoffsystem und -leitungen, ggf. eine Schmieranlage, die Motorkühlung, Triebwerksträger und Triebwerksverkleidung.

Außerhalb der Kampffliegerei sind die Strahltriebwerke aus Wartungsgründen mittlerweile nicht mehr in den Flügel oder Rumpf integriert, eine Ausnahme bildet die Nimrod MRA4.

Als Treibstoff wird meist Kerosin, AvGas oder MoGas verwendet.

Betriebsausrüstung

Die Betriebsausrüstung eines Flugzeuges umfasst alle bordseitigen Komponenten eines Flugzeuges, die nicht zu Flugwerk und Triebwerk gehören und die zur sicheren Durchführung eines Fluges erforderlich sind. Sie besteht aus den Komponenten zur Überwachung von Fluglage, Flug- und Triebwerkszustand, zur Navigation, zur Kommunikation, aus Versorgungssystemen, Warnsystemen, Sicherheitsausrüstung und gegebenenfalls Sonderausrüstung. Der elektronische Teil der Betriebsausrüstung wird auch Avionik genannt.

Betriebsausrüstung: Cockpit einer Dornier Do 228

Viele Fachautoren zählen inzwischen das Steuerwerk oder die Steuerung nicht mehr zum Flugwerk, sondern zur Betriebsausrüstung, da bei modernen Flugzeugen die Steuerung von den Sensoren der Betriebsausrüstung und von Bordrechnern wesentlich beeinflusst wird.

Bauweisen

Werkstoffe für Flugzeuge sollten eine möglichst große Festigkeit (s. a. Spezifische Festigkeit) gegenüber statischen und dynamischen Beanspruchungen besitzen, damit das Gewicht des Flugzeuges möglichst klein gehalten werden kann. Grundsätzlich eignen sich insbesondere Stähle, Leichtmetalllegierungen, Holz, Gewebe und Kunststoffe für den Flugzeugbau. Während Holz bis zu mittleren Größen sinnvoll angewendet worden ist, wird heute im Flugzeugbau allgemein die Ganzmetall- und Gemischtbauweise bevorzugt, bei der verschiedene Materialien so kombiniert werden, dass sich ihre jeweiligen Vorteile optimal ergänzen.

Strukturen an Flugzeugen lassen sich durch verschiedene Bauweisen realisieren. Es kann zwischen vier Bauweisen unterschieden werden, der Holzbauweise, Gemischtbauweise, Metallbauweise und FVK-Bauweise.

Holzbauweise

Bei der **Holzbauweise** wird für den Rumpf ein Gerüst aus hölzernen *Längsgurten* und *Spanten* geleimt, das anschließend mit dünnem Sperrholz beplankt wird. Die Tragfläche besteht aus einem oder zwei Holmen, an die im rechten Winkel vorne und hinten die sog. *Rippen* angeleimt sind. Die Rippen geben dem Flügel die richtige Form. Vor dem Holm ist der Flügel mit dünnen Sperrholz beplankt, diese Beplankung wird *Torsionsnase* genannt, sie verhindert, dass sich der Flügel beim Flug parallel zum Holm verdreht. Hinter dem Holm ist der Flügel mit einem Stoff aus Baumwolle oder speziellem Kunststoff bespannt. Dieser Stoff wird auf dem Holm oder der Torsionsnase und an der Endleiste, die die Rippen an der Flügelhinterkante verbindet, festgeklebt und mit Spannlack bestrichen. Spannlack zieht sich beim Trocknen zusammen und sorgt so dafür, dass die Bespannung straff ist. Bei Motorflugzeugen muss der Stoff zusätzlich noch an den Rippen festgenäht werden. Modernere Bespannstoffe aus Kunststoff ziehen sich beim Erwärmen zusammen, sie werden zum Spannen gebügelt. In die oberen Spannlackschichten wird bei Motorflugzeugen Aluminiumpulver als UV-Schutz eingemischt. Beispiele für solche Flugzeuge sind z. B. die Schleicher Ka 2 oder die Messerschmitt M17. Die reine Holzbauweise ist inzwischen veraltet.

Innenansicht des in Holzbauweise gefertigten Rumpfes einer Fisher FP-202

Metallbauweise

Die **Metallbauweise** ist bei Motorflugzeugen die gängigste Bauweise. Der Rumpf besteht aus einem verschweißten oder vernieteten Metallgerüst, das außen mit Blech beplankt ist. Die Tragflächen bestehen aus einem, bei großen Flugzeugen auch mehreren, Holmen, an die die Rippen angenietet oder angeschraubt sind. Die Beplankung besteht wie beim Rumpf aus dünnem Blech. Eines der bekanntesten Motorflugzeuge in Metallbauweise ist die Cessna 172, aber es gibt auch Segelflugzeuge aus Metall, wie den LET L-13 Blaník.

Gemischtbauweise

Die **Gemischtbauweise** ist eine Mischung aus Holz- und Metallbauweise. Üblicherweise besteht hierbei der Rumpf aus einem geschweißten Metallgerüst, das mit Stoff bespannt ist, während die Flügel wie in der Holzbauweise gebaut sind. Es gibt allerdings auch Flugzeuge, deren Tragflächen ebenfalls aus einem bespannten Metallgerüst bestehen. Der Grundaufbau aus Holmen und Rippen unterscheidet sich aber nur durch die verwendeten Materialien von der Holzbauweise. Die Schleicher K 8 ist ein Flugzeug mit einem Rumpf aus Metallgerüst und hölzernen Tragflächen, bei der Piper PA-18 bestehen die Tragflächen aus einem Aluminiumgerüst.

Der Rumpf einer Piper PA-18 ohne Bespannung während einer Grundüberholung

Kunststoffbauweise

Die Metallbauweise wird seit einigen Jahren zunehmend durch die **Faser-Verbund-Kunststoff-Bauweise** (kurz: FVK-Bauweise) verdrängt. Das Flugzeug besteht aus Matten, meistens Gewebe aus Glas-, Aramid-, oder Kohlefasern, die in Formen gelegt, mit Kunstharz getränkt und anschließend durch Erhitzen ausgehärtet werden. An den Stellen des Flugzeuges, die viel Energie aufnehmen müssen wird zusätzlich ein Stützstoff, entweder Hartschaumstoff oder eine Wabenstruktur eingeklebt. Auch hier wird nicht auf Spanten im Rumpf und Holme in den Tragflächen verzichtet. Die FVK-Bauweise wurde zuerst im Segelflug angewendet, das erste Flugzeug dieser Bauweise war die FS 24, der Prototyp wurde 1953 bis 1957 von der Akaflieg Stuttgart gebaut. Inzwischen gehen aber auch Hersteller von Motorflugzeugen auf die FVK-Bauweise über, z. B. Diamond Aircraft oder Cirrus Design Corporation. Beispiele für die FVK-Bauweise sind der Schempp-Hirth Ventus oder die Diamond DA40. Vor allem im Großflugzeugbau werden zurzeit auch Kombinationen aus Metallbauweise und FVK-Bauweise hergestellt. Das populärste Beispiel ist der Airbus A380.

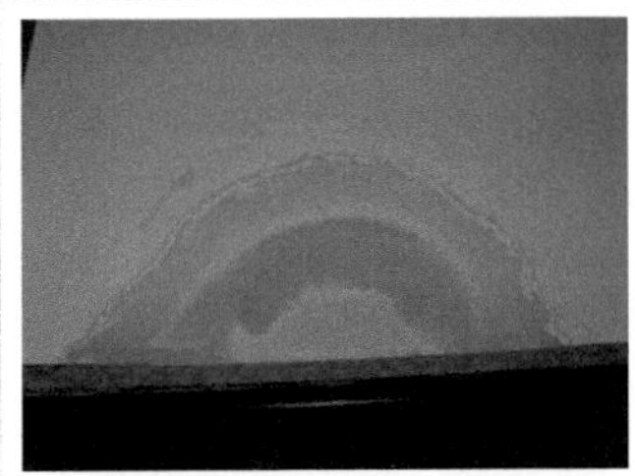

Ein Querruder einer Schleicher ASK 21. Das FVK ist angeschliffen, die einzelnen Glasfaser-Gewebelagen sind gut erkennbar.

Wartung und Lebensdauer

Verkehrsflugzeuge sind so konzipiert, dass sie bei regelmäßiger Wartung 50.000 Flüge absolvieren können, entsprechend 5–10 Starts pro Tag innerhalb von 10–20 Jahren. Der sogenannte D-Check erfolgt nach acht Jahren oder 30.000 Flugstunden. Dabei wird das gesamte Flugzeug generalüberholt. Die Wartungsintervalle der Turbinen liegen bei 20.000 Flugstunden. Auf dem Rollfeld legt eine Verkehrsmaschine im Mittel 5 km pro Flug zurück. Daraus ergibt sich innerhalb der Lebensdauer eine Kilometerleistung am Boden von mehr als 250.000 km.

Militärflugzeuge werden ebenfalls für eine Einsatzzeit von ca. 15 Jahren konzipiert, jedoch nur für 5000–8000 Flugstunden.

Grundlagen: Auftrieb und Vortrieb

Auftrieb

Der Auftrieb an der Tragfläche eines Flugzeuges wird einerseits durch die Form des Flügelprofils, andererseits durch den Winkel zwischen der anströmenden Luft und der Flügelebene (genauer: der Profilsehne), den sogenannten Anstellwinkel (engl. *angle of attack*), bestimmt. Durch Erhöhung des Anstellwinkels bei konstanter Fluggeschwindigkeit steigt der Auftrieb proportional, dies trifft bei der Besonderheit des Überschallfluges nicht zu.

Im unbeschleunigten Horizontalflug ist die Auftriebskraft gleich der Gewichtskraft (Gleichgewicht), im Steigflug, Kurvenflug oder bei Abfangmanövern hingegen ist die Auftriebskraft größer als die Gewichtskraft.

Auch der Rumpf kann einen gewissen Anteil des Auftriebs erzeugen: Bei Tragrumpf (Lifting Body) Flugzeugen ist dieser aerodynamisch so geformt, dass er den Hauptanteil des Auftriebs trägt.

Kräfte am Flugzeug

Zusammenhang zwischen Auftrieb, Vortrieb und Luftwiderstand

Um sich vorwärts zu bewegen, muss das Luftfahrzeug Vortrieb erzeugen, um den Widerstand, der die freie Vorwärtsbewegung hemmt, zu überwinden. Der Luftwiderstand eines Luftfahrzeuges ist zum einen vom Formwiderstand, auch *parasitärer Widerstand* genannt, bedingt durch die Reibung der Luft am Körper des Luftfahrzeuges und zum anderen vom Auftrieb abhängig. Der vom Auftrieb abhängige, „induzierte" Teil des Luftwiderstands wird *induzierter Widerstand* genannt. Während sich die *parasitäre Widerstandsleistung* mit zunehmender Fluggeschwindigkeit in 3. Potenz der Geschwindigkeit vergrößert, verringert sich die *induzierte Widerstandsleistung* umgekehrt proportional. Der resultierende Gesamtwiderstand führt während des Fluges zu einem Energieverlust, der durch Energiezufuhr (Treibstoff, Sonnen- oder Windenergie) ausgeglichen werden muss, um den Flug fortzusetzen. Ist die zugeführte Energie größer als der Gesamtwiderstand, wird das Luftfahrzeug beschleunigt. Diese Beschleunigung kann auch in Höhengewinn umgesetzt werden (Energieerhaltungssatz).

Maßgeblich für die aerodynamische Qualität eines Luftfahrzeugs ist sowohl ein günstiger Strömungswiderstandsbeiwert (-Wert) wie beim Kraftfahrzeug, wie auch das Verhältnis vom Widerstandsbeiwert zum Auftriebsbeiwert , die Gleitzahl .

Den Zusammenhang zwischen dem Widerstandsbeiwert und dem Auftriebsbeiwert eines bestimmten Flügelprofils und damit dessen aerodynamische Charakteristik nennt man die Profilpolare, dargestellt im Polardiagramm nach Otto Lilienthal.

Daraus ergibt sich die Auftriebsformel

sowie die Widerstandsformel

wobei und für die Beiwerte von Auftrieb und Widerstand, für Staudruck (abhängig von Geschwindigkeit und Luftdichte) und für die Bezugsfläche steht.

Fluggeschwindigkeit und Flugenveloppe

Man kann zwischen folgenden Ausdrücken für Geschwindigkeiten unterscheiden:[8]

- Angezeigte Geschwindigkeit (engl. *indicated air speed*, IAS)
- Kalibrierte Geschwindigkeit (engl. *calibrated air speed*, CAS), ist die um den Instrumentenfehler korrigierte IAS.
- Equivalenzgeschwindigkeit (engl. *equivalent air speed*, EAS), ist die um die Kompressibilität korrigierte CAS
- Wahre Geschwindigkeit (engl. *true air speed*, TAS), ist die um die Luftdichte in größerer Flughöhe korrigierte EAS.
- Geschwindigkeit über Grund (engl. *ground speed*, GS), ist die um den Wind korrigierte TAS.
- Mach-Zahl (engl. *mach number*, MN), ist eine EAS, ausgedrückt durch ein Vielfaches der Schallgeschwindigkeit.

Der Flugzeugführer bekommt über seinen Fahrtmesser die Geschwindigkeit gegenüber der umgebenden Luft angezeigt. Diese wird aus statischem und dynamischem Druck am Staurohr des Fahrtmessers ermittelt. Diese angezeigte Geschwindigkeit (*indicated air speed*, abgekürzt IAS) ist von der Luftdichte und somit der Flughöhe abhängig. Die IAS ist maßgeblich für den Auftrieb und hat daher die größte Bedeutung für die Piloten. In modernen Cockpits wird die IAS rechnerisch um den Instrumentenfehler korrigiert und als CAS angezeigt.

Der mögliche Geschwindigkeitsbereich eines Flugzeugs in Abhängigkeit von der Flughöhe wird durch die Flugenveloppe dargestellt. Die untere Grenze wird dabei von der Überziehgeschwindigkeit, die obere Grenze vom Erreichen der Festigkeitsgrenzen dargestellt. Bei Flugzeugen, die bedingt durch die hohe Leistung ihres Antriebs den Bereich der Schallgeschwindigkeit erreichen können, die aber nicht für Überschallflüge konstruiert sind, liegt sie in einem gewissen Abstand unterhalb der Schallgeschwindigkeit.

Wie schnell ein Flugzeug bezogen auf die Schallgeschwindigkeit fliegt, wird durch die Mach-Zahl dargestellt. Benannt nach dem österreichischen Physiker und Philosophen Ernst Mach, wird die Mach-Zahl 1 der Schallgeschwindigkeit gleichgesetzt. Moderne Verkehrsflugzeuge mit Strahltriebwerk sind i.a. optimiert für Geschwindigkeiten (IAS) von Mach 0,74 bis 0,90.

Damit die Tragfläche ausreichend Auftrieb erzeugt, wird mindestens die *Minimalgeschwindigkeit* benötigt. Sie wird auch als *Überziehgeschwindigkeit* bezeichnet, weil bei ihrem Unterschreiten ein Strömungsabriss (engl. *stall*) erfolgt und der Widerstand stark ansteigt, während der Auftrieb zusammenbricht. Die Überziehgeschwindigkeit verringert sich, wenn Hochauftriebshilfen (wie Landeklappen) ausgefahren sind.

Beim Drehflügler ist die Fluggeschwindigkeit durch die Aerodynamik der Rotorblätter begrenzt: Einerseits können die Blattspitzen den Überschallbereich erreichen, andererseits kann es beim Rücklauf zum Strömungsabriss kommen.

Die bezogen auf die Masse des Drehflüglers zu installierende Antriebsleistung steigt außerdem überproportional zur möglichen Maximalgeschwindigkeit.

Flugzeuge starten und landen vorteilhafterweise gegen den Wind. Dadurch wird die zum Auftrieb beitragende angezeigte Geschwindigkeit größer als die Geschwindigkeit über Grund, mit der Folge, dass wesentlich kürzere Start- und Landestrecken gebraucht werden als bei Rückenwind.

Arten des Vortriebs

Zur Erzeugung des Vortriebs gibt es verschiedene Möglichkeiten, je nachdem, ob und welche Mittel mit welchem Krafterzeugungs- und -übertragungsprinzip eingesetzt werden sollen:

ohne Eigenantrieb

Bei Segelflugzeugen, Hängegleitern und Gleitschirmen ist der Vortrieb auch ohne Eigenantrieb gewährleistet, da vorhandene Höhe verlustarm in Geschwindigkeit umgewandelt werden kann. Der Höhengewinn selbst erfolgt durch Windenschlepp, Schleppflugzeuge oder Aufwinde (z. B. Thermik oder Hang- und Wellenaufwinde).

Propeller in Verbindung mit Muskelkraft

Eine extreme Form des Propellerantriebs stellen sog. Muskelkraft-Flugzeuge (HPA) dar: Ein Muskelkraftflugzeug wird nur mit Hilfe der Muskelkraft des Piloten angetrieben, unter Ausnutzung der Gleiteigenschaften der Flugzeugkonstruktion, die verständlicherweise extrem leicht sein muss.

Propeller in Verbindung mit einem Elektromotor

Ein Propeller kann auch durch einen Elektromotor angetrieben werden. Diese Antriebsart wird vor allem bei Solarflugzeugen und bei Modellflugzeugen verwendet, mittlerweile auch bei Ultraleichtflugzeugen.

Propeller in Verbindung mit Kolbenmotoren

Propeller in Verbindung mit Kolbenmotoren waren bis zur Entwicklung der Gasturbine die übliche Antriebsart. Als praktische Leistungsgrenze für Flugmotoren dieser Art wurden 4.000 PS (2.940 kW) angesehen, als erreichbare Geschwindigkeit 750 km/h. Heute ist diese Antriebsart für kleinere ein- bis zweimotorige Flugzeuge üblich. Auf Grund der besonderen Anforderungen an die Sicherheit der Motoren werden spezielle Flugmotoren verwendet.

Turboprop

Propellerturbinentriebwerke – kurz Turboprop – werden für Kurz- und Regionalverkehrsflugzeuge, militärische Transportflugzeuge, Seeüberwachungsflugzeuge und ein- oder zweimotorige Geschäftsreiseflugzeuge im Unterschallbereich verwendet. Weiterentwicklungen für die zukünftige Verwendung in Verkehrsflugzeugen und militärischen Transportflugzeugen sind „Unducted Propfan", auch „Unducted Fan" (UDF) genannt und „Shrouded Propfan" (z. B. MTU CRISP).

Turbostrahltriebwerk

Turbostrahltriebwerke werden für moderne schnelle Flugzeuge bis nahe zur Schallgeschwindigkeit (bis zum Transschallgeschwindigkeitsbereich oder dem transsonischen Geschwindigkeitsbereich) oder auch für Geschwindigkeiten im Transschall- und Überschallbereich eingesetzt. Für Flüge im Bereich der Überschallgeschwindigkeit besitzen Turbostrahltriebwerke zur Leistungserhöhung oft eine Nachverbrennung.

Staustrahltriebwerk

Staustrahltriebwerke wurden historisch in Form des Verpuffungsstrahltriebwerks als Vorgänger der Raketentriebwerke für Marschflugkörper verwendet, heute als ventillose Staustrahltriebwerke für Hyperschallgeschwindigkeiten. Kombinationen aus Turbostrahltriebwerk mit Nachverbrennung und Staustrahltriebwerk werden Turbostaustrahltriebwerk oder Turboramjet genannt.

Raketentriebwerke

Raketentriebwerke werden bisher nur bei Experimentalflugzeugen verwendet.

Booster

Um den Vortrieb und besonders den Auftrieb beim Start von STOL-Flugzeugen zu erhöhen, wurden zeitweise auch Booster in Form von Strahltriebwerken (Beispiel: Varianten der Fairchild C-123) oder auch Feststoff- oder Dampfraketen (siehe auch Booster (Raketenantrieb) eingesetzt.

Wandelflugzeug

Wandelflugzeuge, auch als *Verwandlungsflugzeuge* oder *Verwandlungshubschrauber* bezeichnet, nutzen beim Senkrechtstart die Konfiguration eines Hubschraubers. Beim Übergang zum Vorwärtsflug werden sie zum Starrflügler umkonfiguriert. Sie kombinieren so Vorteile von Drehflügler und Starrflügler. Die Wandlung erfolgt meist durch Kippen des Rotors, der dann als Zugtriebwerk arbeitet – Kipprotor oder *Tiltrotor* genannt (z. B. Bell-Boeing V-22). Zu den Wandelflugzeugen gehören auch *Kippflügel-, Schwenkrotor-, Einziehrotor- und Stopprotorflugzeuge*. Die meisten nicht durch Strahltriebwerke angetriebenen Senkrechtstarter (VTOL-Flugzeuge) gehören zu den Wandelflugzeugen.

Flugsteuerung

Die Flugsteuerung (engl. *flight controls*) umfasst das gesamte System zur Steuerung von Flugzeugen um alle drei Raumachsen. Dazu gehört neben den Steuerflächen und den Steuerelementen im Cockpit auch die Übertragung der Steuereingaben.

Achsen

Zur Beschreibung der Steuerung werden Achsen benannt: Querachse (engl. *pitch*), Längsachse (engl. *roll*), und Hochachse (engl. *yaw*). Jeder Achse ist bei einem 3-Achs-gesteuerten Flugzeug eine oder mehrere Steuerflächen zugeordnet. Eine 2-Achs-Steuerung verzichtet z. B. auf Querruder oder Seitenruder, die fehlende Komponente wird durch die Eigenstabilität ersetzt. *Siehe auch:* Roll-Pitch-Yaw-Winkel

Achsen eines Flugzeugs

Steuerflächen und Steuerdüsen

Die Steuerung kann durch verschiedene Komponenten erfolgen: Ruder und Klappen, *Strahlklappen* genannte Schlitzdüsen, durch das Verstellen der Strahltriebwerke (Schubvektorsteuerung: der Abgasstrahl kann in verschiedene Richtungen bewegt werden), durch Verwindung der Tragflügel und Leitwerke oder auch durch Gewichtsverlagerung. Beim Senkrechtstarter kommen als weitere Steuerungsmöglichkeiten insbesondere im Schwebe- und Transitionsflug das Kippen bzw. Schwenken von Rotoren oder Strahltriebwerken hinzu.

Die Steuerung eines Flugzeuges sei am Beispiel der Steuerung über Ruder dargestellt:

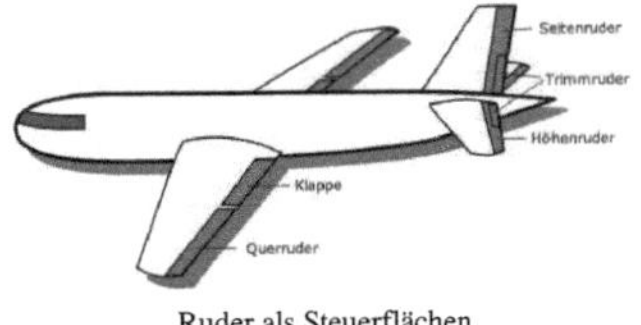

Ruder als Steuerflächen

- Die Querruder am hinteren Ende der Tragflächen steuern – immer zugleich und entgegengesetzt – die Querlage des Flugzeugs, also die Drehung um die Längsachse, das *Rollen*.
- Die Höhenruder am hinteren Ende des Flugzeugs regulieren die Längsneigung, auch *Nicken* oder *Kippen* genannt, indem der Anstellwinkel verändert wird.
- Das Seitenruder – beim konventionellen Starrflügelflugzeug am hinteren Ende des Flugzeugs – dient der Seitensteuerung, auch *Wenden* oder *Gieren* genannt.
- Trimmruder am Höhenruder dienen der Höhentrimmung. Größere Flugzeuge haben auch Trimmruder für Quer- und Seitenruder.
- Spoiler dienen der Begrenzung der Geschwindigkeit im Sinkflug und der Verminderung des Auftriebs.

Das Flugzeug kann simultan um eine oder mehrere dieser Achsen drehen.

Das Höhenruder ist in der Regel hinten am Flugzeugrumpf angebracht, ebenso das Seitenruder, diese Kombination wird als Heckleitwerk bezeichnet. Abweichend davon kann die Höhensteuerung auch vorne platziert sein (Canard).

Höhen- und Seitenruder können auch kombiniert werden wie beim V-Leitwerk.

Die Funktion der Querruder kann durch gegenläufigen Ausschlag der Höhenruder ersetzt werden.

Alle Arten von Trimmrudern dienen der Stabilisierung der Flugzeuglage und erleichtern dem Piloten die Flugsteuerung. Bei modernen Flugzeugen übernimmt der Autopilot die Kontrolle der Trimmruder.

Die Hochauftriebshilfen werden beim Starten, im Steigflug und zum Landeanflug benutzt. An der Hinterkante der Flügel befinden sich die Hinterkantenauftriebshilfen oder Endklappen (flaps), die im Gegensatz zu den Rudern immer synchron an beiden Tragflügeln verwendet werden. Größere Flugzeuge und STOL-Flugzeuge haben meist auch noch Nasenauftriebshilfen in Form von Vorflügeln (Slats), Krügerklappen oder Nasenklappen (Kippnasen), die analog zu den an der hinteren Tragflächenkante gelegenen Landeklappen an der vorderen Tragflächenkante ausfahren. Durch die Klappen kann die Wölbung des Tragflügelprofils so verändert werden, dass die Abrissgeschwindigkeit gesenkt wird und auch beim langsamen Landeanflug oder im Steigflug der Auftrieb erhalten bleibt.

Für die Begrenzung der Geschwindigkeit im Sinkflug werden auf den Tragflächen angebrachte sogenannten Brems-/Störklappen, „Spoiler" genannt, verwendet. Im ausgefahrenen Zustand vermindern sie den Auftrieb an den Tragflächen (Strömungsablösung). Durch den verringerten Auftrieb ist ein steilerer Landeanflug möglich. Spoiler werden auch zur Unterstützung der – in bestimmten Flugbereichen auch als Ersatz für – Querruder verwendet. Nach der Landung werden die Spoiler voll ausgefahren, so dass kein (positiver) Auftrieb mehr wirken kann. Dies geschieht meist durch einen Automatismus, der unter anderem durch das Einfedern des Hauptfahrwerks bei der Landung eingeleitet wird.

Es gibt auch Steuerflächen mit mehrfachen Funktionen:

- Flaperons: arbeiten sowohl als Klappen als auch als Querruder
- Spoilerons: arbeiten sowohl als Spoiler als auch als Querruder
- Elevons: arbeiten sowohl als Höhenruder als auch als Querruder, insbesondere beim Nurflügel-Flugzeug

Neben der konventionellen Anordnung der Steuerflächen existieren, wie vorher angedeutet, auch Sonderformen:

- Das Canard („Entenflugzeug") hat das Höhenruder vorne, beispielsweise Gyroflug SC01 Speed-Canard
- Der Nurflügel hat kein separates Höhenruder, beispielsweise der Northrop B-2 Bomber
- Die Boxwing-Tragfläche verwendet ein kombiniertes Höhen-/Querruder, Seitenruder existieren in Form von Störklappen an den äußeren Flächenenden.

Steuerelemente

Steuerelemente sind diejenigen Hebel und Pedale, die im Cockpit vom Piloten betätigt werden können und zur Steuerung des Flugzeugs dienen.

Steuerknüppel, Steuerhorn oder Sidestick

Steuerknüppel, Steuerhorn oder Sidestick dienen zur Steuerung der Querlage und der Längsneigung und steuern das Querruder und das Höhenruder.

Der Steuerknüppel eines Flugzeugs dient zum gleichzeitigen Steuern von Querneigung und Längsneigung. Er befindet sich vor dem Unterbauch des Piloten und wird normalerweise mit einer Hand gehalten.

Das Steuerhorn ist eine andere Einheit zur Steuerung von Flugzeugen um die Längs- und Querachse. Angeordnet ist es im Cockpit zentral vor dem Piloten und verfügt über Haltegriffe für beide Hände. Dabei werden die Kräfte, die während des Fluges auf das Flugzeug wirken, in Form von Widerstand und Ausschlag auf die Steuereinheit übertragen.

Ein Sidestick ist ein Steuerknüppel, der nicht zentral vor dem Piloten, sondern seitlich angeordnet ist und nur mit einer Hand bedient wird.

Seitenruderpedale

Die Pedale zur Seitensteuerung betätigen das Seitenruder und in der Regel am Boden auch die Bremsen. Bei Segelflugzeugen wird die Radbremse (wenn vorhanden) meist durch Ziehen des Bremsklappenhebels betätigt.

Trimmung

Zur dauerhaften Trimmung dienen

- ein Trimmrad oder ein Trimmhebel zum Ausgleich von Kopf- oder Schwanzlastigkeit (Höhentrimmung),
- eine Trimmeinheit zum Ausgleich seitlicher Kräfteunterschiede, z. B. bei mehrmotorigen Flugzeugen zur Kompensation eines Motorausfalls (Seitentrimmung).

Signalübertragung

Die Übertragung der Steuersignale kann erfolgen

- mechanisch durch Stangen oder Seile
- hydromechanisch durch Hydraulikleitungen
- elektrisch durch fly-by-wire oder
- fiberoptisch durch Lichtleiter (fly-by-light)

Instrumente zum Erkennen der Lage im Raum

Seine Lage im Raum erkennt der Flugzeugführer entweder durch Beobachtung der Einzelheiten des überflogenen Gebiets und des Horizonts oder durch Anzeigeinstrumente (Flugnavigation). Bei schlechter Sicht dient der künstliche Horizont der Anzeige der Fluglage in Bezug auf die Nickachse, also den Anstellwinkel des Flugzeugrumpfes und bezüglich der Rollachse, der sogenannten Querlage (Banklage). Die Himmelsrichtung, in die das Flugzeug fliegt, zeigt der magnetische Kompass und der Kurskreisel. Magnetischer Kompass und Kurskreisel ergänzen sich gegenseitig, da der Magnetkompass bei Sink-, Steig- und Kurvenflügen zu Dreh- und Beschleunigungsfehlern neigt, der Kurskreisel jedoch nicht. Der Kurskreisel hat jedoch keine eigene „nordsuchende" Eigenschaft und muss mindestens vor dem Start (in der Praxis auch in regelmäßigen Abständen beim Geradeausflug) mit dem Magnetkompass kalibriert werden. Der Wendezeiger dient zur Anzeige der Drehrichtung und zur Messung der Drehgeschwindigkeit des Flugzeugs um die Hochachse (engl. rate of turn). Er enthält meistens eine Kugellibelle, die anzeigt, wie koordiniert eine Kurve geflogen wird.

Für die Höhensteuerung sind mindestens zwei Instrumente wichtig: Die absolute Höhe in Bezug auf die Meereshöhe wird über den barometrischen Höhenmesser dargestellt, die relative Änderung der Höhe, die sogenannte Steigrate bzw. Sinkrate, ausgedrückt als Höhenunterschied pro Zeiteinheit, bekommt der Flugzeugführer über das Variometer signalisiert. Zusätzlich wird bei größeren Flugzeugen im Landeanflug die absolute Höhe über Grund über den Radarhöhenmesser angezeigt.

Weitere Klassifizierungen

Neben der nahe liegenden Klassifizierung nach der Bauweise oder der Antriebsart haben sich weitere Klassifizierungen etabliert.

Klassifizierung nach Verwendungszweck

Zivilflugzeuge

Zivilflugzeuge dienen der zivilen Luftfahrt, dazu gehört die allgemeine Luftfahrt und der Linien- und Charterverkehr durch die Fluggesellschaften (Airlines). Zivilflugzeuge werden hauptsächlich nach folgendem Schema klassifiziert:

Die ersten Flugzeuge waren Experimentalflugzeuge. Experimentalflugzeuge, auch Versuchflugzeuge genannt, dienen dem Erforschen von Techniken oder dem Testen von Forschungserkenntnissen im Bereich der Luftfahrt.

Sehr früh in der Geschichte des Flugzeugs entstanden auch die Sportflugzeuge. Ein Sportflugzeug ist ein Leichtflugzeug zur Ausübung einer sportlichen Tätigkeit, entweder zur Erholung oder bei einem sportlichen Wettkampf.

Noch vor dem Ersten Weltkrieg kam es zur Erprobung und zum Bau des Passagierflugzeugs. Passagierflugzeuge dienen dem zivilen Personentransport und werden auch als Verkehrsflugzeug bezeichnet. Kleinere Passagierflugzeuge werden auch als Zubringerflugzeuge bezeichnet. Speziell für Geschäftsreisende entworfene kleine Passagierflugzeuge sind die Geschäftsreiseflugzeuge, für die auch der engl. Ausdruck *Bizjet* verwendet wird.

Ein Frachtflugzeug ist ein Flugzeug zum Transport von (kommerzieller) Fracht. Flugzeugsitze sind daher nur für die Mannschaft eingebaut, meist enthalten sie heute ein Transportsystem für Paletten und Flugzeugcontainer.

Eine Unterkategorie des Frachtflugzeugs ist das Postflugzeug. Frühe Postflugzeuge konnten auch dem Transport einzelner Personen dienen.

Für den Bereich der Land- und Forstwirtschaft werden spezielle Flugzeuge verwendet, die Dünger, bodenverbessernde Stoffe und Pflanzenschutzmittel in Behältern mitführen können und über Sprühdüsen, Streuteller oder ähnliche Einrichtungen verbreiten können. Sie werden allgemein als Agrarflugzeuge bezeichnet.

Feuerlöschflugzeuge, auch „Wasserbomber" genannt, sind Flugzeuge, die Wasser und Löschadditive in ein- oder angebauten Tanks mitführen und über Schadfeuern abwerfen können.

Es gibt unter dem Begriff Rettungsflugzeug (amtlich „Luftrettungsmittel" genannt) verschiedene unterschiedliche Kategorien wie Rettungshubschrauber, Intensivtransporthubschrauber, Notarzteinsatzhubschrauber oder Flugzeuge zur Rückholung von Patienten aus dem Ausland. Unter den Überbegriff Search and Rescue (SAR) fallen Flugzeuge, die zum Suchen und Retten von Unfallopfern verwendet werden.

Es gibt zahlreiche Sonderbauformen wie z. B. Forschungsflugzeuge mit spezieller Ausrüstung (spezielles Radar, Fotokameras, sonstige Sensoren).

Experimentalflugzeug

Sportflugzeug: Ultraleichtflugzeug Sky-Arrow

Passagierflugzeug - Geschäftsreiseflugzeug Pilatus PC-12

Frachtflugzeug Airbus A300-600ST Beluga

Postflugzeug

Feuerlöschflugzeug

Sanitätsflugzeug: Inneres eines Ambulanzflugzeugs

Militärflugzeuge

Militärflugzeuge sind Flugzeuge, die der militärischen Nutzung unterliegen. Ganz sauber ist die Grenze jedoch nicht immer zu ziehen. Viele Flugzeuge erfahren sowohl militärische als auch zivile Verwendung. Militärflugzeuge werden nach folgenden Verwendungszwecken unterschieden:

Ein Jagdflugzeug ist ein in erster Linie zur Bekämpfung anderer Flugzeuge eingesetztes Militärflugzeug. Heute spricht man eher vom Kampfflugzeug, da die Flugzeuge dieser Kategorie keiner eindeutigen Aufgabe zugeordnet werden können. Sie werden für den Luftkampf, die militärische Aufklärung, die taktische Bodenbekämpfung und/oder andere Aufgaben genutzt.

Ein Bomber ist ein militärisches Flugzeug, das dazu dient, Bodenziele mit Fliegerbomben, Luft-Boden-Raketen und Marschflugkörpern anzugreifen.

Ein Verbindungsflugzeug ist ein kleines Militärflugzeug, mit dem in der Regel Kommandeure transportiert werden. Es kann außerdem der Gefechtsfeldaufklärung dienen (heute nur noch bei Truppenübungen), als kleineres Ambulanzflugzeug dienen oder für Botendienste eingesetzt werden. Heute werden als Verbindungsflugzeug meistens leichte Hubschrauber eingesetzt.

Luftbetankung bezeichnet die Übergabe von Treibstoff von einem Flugzeug zu einem anderen während des Fluges. Üblicherweise ist das Flugzeug, das den Treibstoff zur Verfügung stellt, ein speziell für diese Aufgabe entwickeltes

Tankflugzeug.

Ein Aufklärungsflugzeug ist ein Militärflugzeug, das für die Aufgabe konstruiert, umgebaut oder ausgerüstet ist, Informationen für die militärische Aufklärung zu beschaffen. Manchmal werden Aufklärungsflugzeuge auch als Spionageflugzeuge bezeichnet.

Ein Schlachtflugzeug, auch Erdkampfflugzeug genannt, ist ein militärischer Flugzeugtyp, der besonders für die Bekämpfung von Bodenzielen vorgesehen ist. Dieser Typus stellt eine eigene Flugzeugart dar, die ganz spezifische taktische Aufgaben erfüllen soll. Da die Angriffe in niedrigen bis mittleren Flughöhen stattfinden und mit starkem Abwehrfeuer zu rechnen ist, werden besondere Schutzmaßnahmen ergriffen, wie Panzerung der Kabine und Triebwerke gegen Bodenfeuer. Transportflugzeuge, die mit seitlich ausgerichteten Maschinenwaffen oder gar Rohrartillerie ausgerüstet sind, nennen sich Gunship. Drehflügelflugzeuge in der Rolle von Erdkampfflugzeugen werden als Kampfhubschrauber bezeichnet.

Ein Trainer ist ein Flugzeug, das zur Ausbildung von Piloten benutzt wird.

Transportflugzeuge sind besondere Frachtflugzeuge, die für den militärischen Lastentransport entwickelt werden. Sie müssen robust, zuverlässig, variabel für den Personen-, Material- oder Frachttransport geeignet sowie schnell ein- und ausladbar sein. Transportiert werden können, auch in Kombination, zum Beispiel Hilfsgüter, Fallschirmspringer, Fahrzeuge, Panzer, Truppen oder Ausrüstung.

Die Klassifikation ist in der Praxis nicht immer streng zwischen zivil und militärisch zu trennen, denn manche Zweckbestimmung kann unabhängig vom Einsatz gegeben sein. Beispielsweise können Fracht- bzw. Transportflugzeuge je nach Fracht, Sanitätsflugzeuge je nach Arzt/Patient und Trainer je nach Lehrer/Schüler sowohl im Zivil- als auch im Militärbereich vorkommen.

Jagdflugzeug: Mikojan-Gurewitsch MiG-29

Bomber: Boeing B-52

Verbindungsflugzeug: Alouette III der Schweizer Armee

Tankflugzeug: KC-135R *Stratotanker* während einer Luftbetankung

Trainer: Pilatus PC-7 der schweizerischen Luftwaffe

Transportflugzeug: Transall C-160D

Aufklärungsflugzeug: Lockheed SR-71B Blackbird

Erdkampfflugzeug / Kampfhubschrauber: AH-64 Apache Longbow

Klassifizierung nach Struktur des Flugzeugs

Flugzeuge, die starre Tragflügel besitzen, werden häufig auch nach der Anzahl und Lage der Tragflügel zum Rumpf kategorisiert.

Ein Eindecker ist ein Flugzeug mit einer einzigen Tragfläche bzw. einem Paar Tragflügeln. Eindecker werden wiederum unterteilt in

- Tiefdecker, bei denen die Unterseite der Tragfläche mit der Unterseite des Rumpfes abschließt;
- Mitteldecker, bei denen die Tragfläche in der Mitte der Rumpfseiten angeordnet ist;
- Schulterdecker, bei denen die Tragflächen auf oder in der Oberseite des Rumpfes angeordnet sind;
- Hochdecker, bei denen die Tragfläche über der Oberseite des Rumpfes verstrebt angeordnet sind.

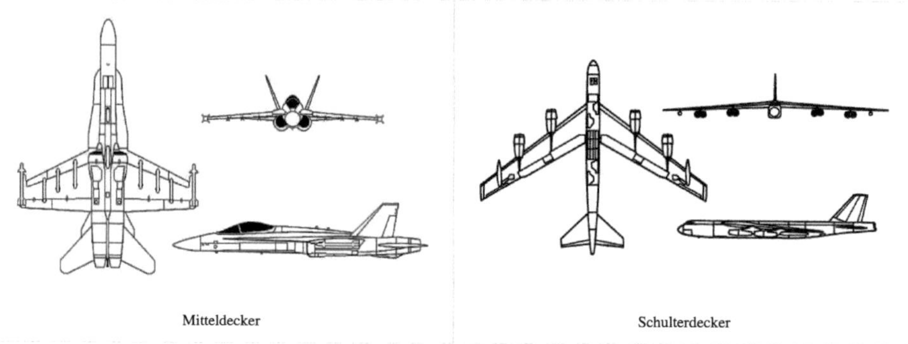

Mitteldecker Schulterdecker

Doppeldecker ist die Bezeichnung für ein Flugzeug, das zwei vertikal gestaffelt angeordnete Tragflächen besitzt. Eine Sonderform des Doppeldeckers ist der „Anderthalbdecker". Um die Zeit des Ersten Weltkriegs gab es auch Dreidecker.

Doppelrumpfflugzeuge besitzen zwei Rümpfe, sie sind gewissermaßen die Katamarane unter den Flugzeugen. Jeder Rumpf besitzt hierbei in der Regel ein eigenes Cockpit. Damit nicht zu verwechseln sind Flugzeuge mit einem doppelten Leitwerksträger, die jedoch nur einen Rumpf aufweisen, der meistens als Rumpfgondel ausgebildet ist.

Asymmetrische Flugzeuge sind ein sehr seltener Flugzeugtyp, das bekannteste Exemplar ist die Blohm & Voss BV 141 von 1938. Hier ist die Flugzeugkanzel auf der Tragfläche, während der Propeller und Motor den Rumpf alleine besetzen. Die Tragflächen sind asymmetrisch ausgebildet.

Als Canard oder Entenflugzeug wird ein Flugzeug bezeichnet, bei dem das Höhenleitwerk nicht konventionell am hinteren Ende des Flugzeugs montiert ist, sondern vor der Tragfläche an der Flugzeugnase; das Flugbild erinnert an eine fliegende Ente. Sind im Extremfall beide Tragflächen annähernd gleichgroß, wird diese Auslegung auch als Tandemflügel bezeichnet.

Ein Nurflügel ist ein Flugzeug ohne ein separates Höhenruder, bei dem es keine Differenzierung zwischen Tragflächen und Rumpf gibt. Bildet der Rumpf selbst den Auftriebskörper und hat dieser nicht mehr die typischen Dimensionen eines Tragflügels, wird er als Tragrumpf (*Lifting Body*) bezeichnet. Die Vereinigung dieser beiden Konzepte nennt man Blended Wing Body.

Doppeldecker

Flugzeug Doppelleitwerksträger

Doppelrumpfflugzeug mit je einem Cockpit in jedem Rumpf

Asymmetrisches Flugzeug: Blohm & Voss BV 141

Canard: Gyroflug SC01

Nurflügel: Northrop B-35

Lifting Bodys

Dreidecker

Boxwing

Ein Wasserflugzeug ist ein Flugzeug, das für Start und Landung auf Wasserflächen konstruiert ist. Es hat meist unter jeder der beiden Tragflächen einen leichten, bootartigen Schwimmer. Bei Flugbooten ist der gesamte Rumpf schwimmfähig. Wasserflugzeuge und Flugboote können nur vom Wasser aus starten oder im Wasser landen. Sind diese Flugzeuge mit (meist einziehbaren) Fahrwerken versehen, mit denen sie auch vom Land aus starten und auf dem Land landen können, werden sie Amphibienflugzeuge genannt.

Wasserflugzeug

Flugboot

Amphibienflugzeug

Klassifizierung nach Start- und Landeeigenschaften

Starrflügelflugzeuge und einige Typen der Drehflüglern benötigen eine mehr oder weniger präparierte Start- und Landebahn einer gewissen Länge. Die Ansprüche reichen von einem ebenen Rasen ohne Hindernisse bis zur geteerten oder betonierten Piste. Historisch wurde die geteerte Piste nach dem damals verwendeten Verfahren „Tarmac" genannt.

Flugzeuge, die mit besonders kurzen Start- und Landebahnen auskommen, werden als Kurzstartflugzeug oder STOL-Flugzeuge typisiert.

Flugzeuge, die senkrecht starten und landen können, sind Senkrechtstarter oder VTOL-Flugzeuge. Sie benötigen gar keine Start- und Landebahn, sondern nur einen festen Untergrund ausreichender Größe, der ihr Gewicht tragen kann, und auf dem der Abwind (engl. downwash), der durch das VTOL-Flugzeug erzeugt wird, nicht allzu viel Schaden anrichtet, z. B. ein Helipad.

VTOL-Flugzeuge, die auf dem Boden senkrecht nach oben stehend starten und landen, sind Heckstarter.

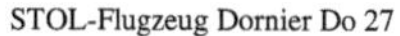
STOL-Flugzeug Dornier Do 27

Senkrechtstarter X-22a

Heckstarter
Lockheed XFV-1

Unbemannte Flugzeuge

Im zivilen Bereich sind unbemannte Flugzeuge meistens als Modellflugzeug gebräuchlich und werden über Funkfernsteuerungen gesteuert, selten über Programmsteuerungen.

Aufklärungsdrohne Luna der Bundeswehr

Unbemannte Flugzeuge im militärischen oder staatlichen Einsatz werden Drohnen genannt. Das Spektrum reicht hier von Modellflugzeugen zur Zieldarstellung für Flugabwehrkanonen über unbemannte Aufklärungsflugzeuge bis hin zu unbemannten bewaffneten Kampfflugzeugen (Kampfdrohnen). Im staatlichen Bereich werden Drohnen von Polizei und Zoll zur Tätersuche und Verfolgung eingesetzt, häufig mit Video- und Wärmebildkameras, für die bisher bemannte Polizeihubschrauber eingesetzt werden. Die Steuerung erfolgt dabei ebenfalls über Funkfern- oder Programmsteuerung.

Während Drohnen in der Regel wiederverwendbar sind, werden unbemannte Flugzeuge mit fest eingebauten Sprengköpfen als Marschflugkörper bezeichnet.

Geschichte

Hauptartikel: Geschichte der Luftfahrt, Chronologie der Luftfahrt

Die Flugpioniere

1810 bis 1811 konstruiert Albrecht Ludwig Berblinger, der berühmte *Schneider von Ulm*, seinen ersten flugfähigen Gleiter, führt ihn jedoch der Öffentlichkeit über der Donau unter ungünstigen Verhältnissen (Abwind) vor und stürzt unter dem Spott der Leute in den Fluss. Dass sein Flugzeug flugfähig war, wurde 1986 nachgewiesen.

Der englische Gelehrte Sir George Cayley (1773 bis 1857) untersuchte und beschrieb als erster in grundlegender Weise die Probleme des aerodynamischen Flugs. Er löste sich vom Schwingenflug und veröffentlichte 1809 bis 1810 einen Vorschlag für ein Fluggerät „mit angestellter Fläche und einem Vortriebsmechanismus". Er beschreibt damit als erster das Prinzip des modernen Starrflügelflugzeugs. Im Jahr 1849 baut er einen bemannten Dreidecker, der eine kurze Strecke fliegt.

Otto Lilienthal und Clement Ader

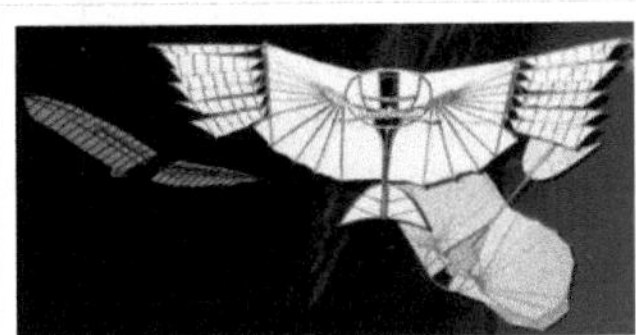
Gleitermodelle, wie sie Otto Lilienthal flog

Der Flugpionier Otto Lilienthal (1848–1896) führte erfolgreiche Gleitflüge nach dem Prinzip „schwerer als Luft" durch und unterschied sich von zahlreichen Vorläufern dadurch, dass er nicht einen einzigen Flug versuchte, sondern nach ausführlichen theoretischen und praktischen Vorarbeiten deutlich über 1.000-mal gesegelt ist. Die aerodynamische Formgebung seiner Tragflügel erprobte er auf seinem „Rundlaufapparat", der von der Funktion her ein Vorgänger der modernen Windkanäle war.

Clement Ader hat mit seiner Eole den ersten (ungesteuerten) motorisierten Flug in der Geschichte ausgeführt. Bei der Eole handelte es sich um einen freitragenden Nurflügel-Eindecker, der von einer auf eine vierblättrige Luftschraube wirkenden 4-Zylinder-Dampfmaschine angetrieben wurde. Die Eole hob am 9. Oktober 1890 zu ihrem einzigen Flug ab, flog ca. 50 m weit, stürzte ab und wurde dabei zerstört.

Einen der ersten gesteuerten Motorflüge soll der deutsch-amerikanische Flugpionier Gustav Weißkopf im Jahr 1901 über eine Strecke von einer halben Meile zurückgelegt haben. Hierzu gab es außer Zeugenaussagen keinen fotografischen Beweis.

Am 18. August 1903 soll Karl Jatho in einem motorisierten Zweidecker eine Flugstrecke von ca. 18 Metern zurückgelegt haben, bei weiteren Versuchen sogar Flugstrecken von ca. 60 Metern. Das von Jatho verwendete Fluggerät war jedoch nicht lenkbar.

Gebrüder Wright

Wright Flyer

Die herausragende Leistung der Gebrüder Wright bestand darin, als erste ein Flugzeug gebaut zu haben, mit dem ein erfolgreicher, andauernder, gesteuerter Motorflug möglich war, und diesen Motorflug am 17. Dezember 1903 auch durchgeführt zu haben. Darüber hinaus haben sie ihre Flüge genauestens dokumentiert und innerhalb kurzer Zeit in weiteren Flügen die Tauglichkeit ihres Flugzeuges zweifelsfrei bewiesen. Von herausragender Bedeutung ist, dass Orville Wright bereits 1904 mit dem Wright Flyer einen gesteuerten Vollkreis fliegen konnte. Am Rand sei bemerkt, dass der Wright Flyer dem Typ nach ein „Canard" war, sich also die Höhensteuerung vor dem Haupttragwerk befand.

Samuel Pierpont Langley, ein Sekretär des Smithsonian-Instituts versuchte einige Wochen vor dem Wright-Flug, sein „Aerodrome" zum Fliegen zu bringen. Obwohl sein Versuch scheiterte, behauptete das Smithsonian-Institut einige Zeit, die Aerodrome wäre die erste „flugtaugliche Maschine". Der Wright Flyer wurde dem Smithsonian Institut mit der Auflage gestiftet, dass das Institut keinen früheren motorisierten Flug anerkennen dürfe. Diese Auflage wurde von den Stiftern formuliert, um die frühere Darstellung des Instituts, Langley hätte mit der Aerodrome den ersten erfolgreichen Motorflug durchgeführt, zu unterbinden. Diese Auflage führte immer wieder zu der Vermutung, dass es vor den Wright Flyern erfolgreiche Versuche zum Motorflug gegeben habe, deren Anerkennung aber im Zusammenhang mit der Stiftungsauflage unterdrückt worden sei.

Die ersten Motorflugzeuge waren meistens Doppeldecker. Versuchsweise wurden auch mehr als drei Tragflächen übereinander angeordnet. Eine solche Mehrdeckerkonstruktion stammte von dem Engländer Horatio Frederick Phillips. Mit dem Fünfzigdecker „Horatio Phillips No. 2" gelang ihm im Sommer 1907 der erste Motorflug in England.

Erste Ärmelkanalüberquerung

Im Jahr 1909 setzte Europa weitere praktische Meilensteine in der Geschichte des Flugzeugs. Am 25. Juli 1909 überquerte Louis Blériot mit seinem Eindecker Blériot XI als erster mit einem Flugzeug den Ärmelkanal. Sein Flug von Calais nach Dover dauerte 37 Minuten bei einer durchschnittlichen Flughöhe von 100 Metern. Blériot konnte somit den von der englischen Zeitung Daily Mail für die erste Kanalüberquerung ausgelobten Geldpreis entgegen nehmen. Mit der Blériot XI wurde ihr Konstrukteur „Vater der modernen Eindecker". Der Erfolg der Maschine machte ihn zum ersten kommerziellen Flugzeughersteller.

Vom 22. bis zum 29. August 1909 fand mit der „Grande Semaine d'Aviation de la Champagne" eine Flugschau bei Reims statt, die mehrere Rekorde bescherte: Henri Farman flog eine Strecke von 180 Kilometern in 3 Stunden. Blériot flog die höchste Fluggeschwindigkeit über die 10-Kilometer-Strecke mit 76,95 km/h. Hubert Latham erreichte auf einer „Antoinette" des Flugzeugkonstrukteurs *Levasseur* mit 155 m die größte Flughöhe.

1910 gelingt dem französischen Ingenieur Henri Fabre mit dem von ihm konstruierten Canard Hydravion der erste Flug mit einem Wasserflugzeug.

Monocoque

1912 erfindet Louis Béchereau die Monocoque-Bauweise für Flugzeuge. Die Rümpfe anderer Flugzeuge bestanden aus einem mit lackiertem Stoff überzogenen Gerüst. Das von Béchereau entworfene Deperdussin-Monocoque-Rennflugzeug besaß jedoch einen Stromlinienrumpf aus einer Holzschale ohne inneres Gerüst. Neu war auch die „DEP"-Steuerung, bei der auf dem Steuerknüppel für die Nickbewegung ein Steuerrad für die Rollbewegung saß, ein Prinzip, das heute noch vielfach Verwendung findet. Als Triebwerk besaß das Flugzeug einen speziellen Flugzeugmotor, den Gnôme-Umlaufmotor. Die Deperdussin Monocoques waren die schnellsten Flugzeuge ihrer Zeit.

Ein wesentlicher technischer Durchbruch gelingt kurz vor dem Ersten Weltkrieg dem russischen Konstrukteur und Piloten Igor Iwanowitsch Sikorski, der später eher als Hersteller von Flugbooten und Konstrukteur von Hubschraubern in den USA bekannt wird. 1913 bis 1914 beweist er mit den ersten von ihm konstruierten „Großflugzeugen", dem zweimotorigen Grand Baltiski, dem viermotorigen Russki Witjas und dessen Nachfolger, dem viermotorigen Ilja Muromez, dass solche großen Flugzeuge sicher und stabil fliegen können, selbst wenn ein oder zwei Motoren abgestellt sind oder ausfallen.

Der Erste Weltkrieg

Während des Ersten Weltkrieges erkannten die Militärs den Wert der Luftaufklärung. Zugleich wollten sie den Gegner an einer Aufklärung hindern. Das Flugzeug entwickelte sich zur Waffe, und die Grundlagen des Luftkrieges mit Propellerflugzeugen wurden gelegt. Die zu Anfang des Krieges noch weit verbreiteten Flugzeuge mit Druckpropeller wurden durch die wendigeren und schnelleren Maschinen mit Zugpropeller ersetzt.[9] . Hierzu trug bei, dass die Synchronisierung der Bordmaschinengewehre mit dem Propeller über ein Unterbrechergetriebe entwickelt wurde, so dass man mit der starren Bewaffnung durch den eigenen Propellerkreis schießen konnte. Auf diese Weise konnte der Pilot mit dem Flugzeug den Gegner anvisieren, was den Einsatz von Maschinengewehren im Luftkampf wesentlich erfolgreicher machte. Aus den Flugzeugen wurden Granaten, Flechettes und darauf folgend erste spezielle Spreng- und Brandbomben abgeworfen. Dabei sollten zunächst die Soldaten in den feindlichen Linien und später auch Fabriken und Städte getroffen werden.

Während des Ersten Weltkrieges wurde eine Flugzeugindustrie aus dem Boden gestampft, es entstanden die ersten Flugplätze und die Technik des Flugfunks wurde entwickelt. Durch den Einsatz von neuen Metallen (Aluminium) wurden Flugzeugmotoren immer leistungsfähiger.

1915 erprobte Hugo Junkers das erste Ganzmetallflugzeug der Welt, die Junkers J 1. Hugo Junkers baute 1919 auch das erste Ganzmetall-Verkehrsflugzeug der Welt, die Junkers F 13, deren Konstruktionsprinzipien richtungweisend für folgende Flugzeuggenerationen wurden.

Zwischenkriegszeit

Während des Ersten Weltkrieges war die Flugzeugproduktion stark angekurbelt worden. Nach diesem Krieg mussten die Flugzeughersteller ums Überleben kämpfen, da nicht mehr so viele Militärflugzeuge gebraucht wurden. Gerade in Europa gingen viele der ehemaligen Flugzeughersteller in Konkurs, wenn es ihnen nicht gelang, ihre Produktion auf zivile Güter umzustellen. In den USA waren Kampfflugzeuge geradezu zu Schleuderpreisen zu kaufen. Ehemalige Piloten von Kampfflugzeugen mussten sich eine neue Beschäftigung suchen.

Kommerzielle zivile Luftfahrt

Junkers F 13

Junkers Ju 52/3m

Sowohl in den USA als auch in Europa entstanden viele neue zivile Dienste und Luftfahrtgesellschaften, wie z. B. die Luft Hansa 1926. Die bekanntesten Passagierflugzeuge dieser Zeit waren die Junkers F 13, die Junkers G 38, die Dornier-Wal, die Handley Page H.P.42 und die Junkers Ju 52/3m.

Langstreckenflüge

Die große Herausforderung nach dem Krieg waren Langstreckenflüge, vor allem die Überquerung des Atlantik. Diese Aufgabe kostete einige Menschenleben, bis eines von drei in Neufundland gestarteten Curtiss-Flugbooten der US-Navy, die Curtiss NC-4, nach 11 Tagen am 27. Mai 1919 in Lissabon landete.

Curtiss NC-4

In der Zeit vom 14. bis 15. Juni 1919 gelingt den britischen Fliegern Captain John Alcock und Lieutenant Arthur Whitten Brown der erste Nonstop-Flug über den Atlantik von West nach Ost. Ihr Flugzeug war ein zweimotoriger modifizierter Bomber Typ Vickers Vimy IV mit offenem Cockpit.

Die Vickers Vimy von Alcock und Brown nach der Bruchlandung in Clifden

Charles Lindbergh gelingt zwischen 20. und 21. Mai 1927 mit seinem Flugzeug „Ryan NYP" Spirit of St. Louis der erste Nonstop-Alleinflug von New York nach Paris über den Atlantik. Er gewinnt damit den seit 1919 ausgelobten *Orteig Prize.* Allein dieser Überflug brachte der US-amerikanischen Flugzeugindustrie und den US-amerikanischen Fluggesellschaften einen deutlichen Aufschwung. Eine von Daniel Guggenheim finanzierte Reise Lindberghs durch alle US-Bundesstaaten führte im ganzen Land zum Bau von Flugplätzen. Am 12. April 1928 gelingt die Transatlantik-Überquerung von Ost (Baldonnel in Irland) nach West (Greenly Island – Neufundland) durch Hermann Köhl, James Fitzmaurice und Ehrenfried Günther Freiherr von Hünefeld mit einer modifizierten Junkers W 33.

Fieseler "Storch" (ab 1936)

Flugboote

Ab Ende der 20er Jahre beginnt das Zeitalter der großen Flugboote, deren bekannteste Vertreter die Dornier Do X und Boeing 314 waren. Haupteinsatzbereich waren weite Transatlantik- und Pazifikflüge.

Mit der Flugbootkombination Short Mayo war ab 1937 in England für Transatlantikflüge experimentiert worden. Der Sinn der Short-Mayo-Kombination war, mit einem leicht betankten Flugboot, in diesem Fall einer Short-S.21, ein schwerbeladenes Wasserflugzeug (eine Short-S.20) auf Flughöhe zu tragen und dort auszuklinken. Diese Kombination sollte das Verhältnis zwischen Leistung, Nutzlast und Treibstoff optimieren.

Katapultflugzeuge

Als Pionier im Katapultflugzeugbau gilt Ernst Heinkel, der 1925 eine Abflugbahn (noch kein Katapult) mit Flugzeug auf das japanische Schlachtschiff *Nagato* aufsetzte und erfolgreich persönlich in Dienst nahm.

Auf wenigen großen Passagierschiffen wie der Bremen wurden mit dem Aufkommen der Katapulttechnik Katapultflugzeuge eingesetzt, die mittels eines Dampfkatapults gestartet wurden. Die Flugzeuge dienten meist zur schnellen Postbeförderung, wie die Heinkel He 12 und die Junkers Ju 46. Im militärischen Bereich wurden Katapultflugzeuge hauptsächlich für die Luftaufklärung eingesetzt. Kleine Maschinen, wie die Arado Ar 196, wurden von großen Kriegsschiffen aus eingesetzt und große Katapultflugzeuge, wie die Dornier Do 26, wurden in den 1930er Jahren von der Lufthansa für den Transatlantik-Luftpostverkehr von Flugstützpunktschiffen aus eingesetzt und im Zweiten Weltkrieg als Transportflugzeuge und See-Fernaufklärer.

Höhenflugzeuge

Bereits ab 1937 begann die deutsche Luftwaffe mit dem Bau von Höhenflugzeugen, diese waren mit Druckkabinen ausgestattet und erreichten Höhen zwischen 12.000 und 15.000 m. Die bekanntesten Vertreter waren die Junkers Ef 61, später die Henschel Hs 130 und die Junkers Ju 388. Sie dienten als Höhenaufklärer bzw. Höhenbomber, allerdings wurden sie nur in wenigen Exemplaren gebaut. Als erstes Passagierflugzeug mit einer Druckkabine erlaubte die Boeing B-307 einen Flug über dem Wetter und damit eine wesentliche Komfortsteigerung für die Passagiere.

1939 bis 1945

Mit Druckkabine: Boeing B-307

Spitfire Mk. XVIII

Am 20. Juni 1939 startet mit der Heinkel He 176 das erste Versuchsflugzeug mit regelbarem Flüssigkeitsraketenantrieb. Dieses Flugzeug besitzt auch als erstes als Rettungsmittel eine abtrennbare Cockpitkapsel mit Bremsschirm. Der Pilot musste sich im Notfall dann allerdings von der Kapsel befreien und mit dem Fallschirm abspringen. Das Flugzeug erreichte eine maximale Geschwindigkeit von ca. 750 km/h.

Die Heinkel He 178 war das erste Flugzeug der Welt, das von einem Turbinen-Luftstrahltriebwerk angetrieben wurde. Der Erstflug erfolgte am 27. August 1939.

Durch die Luftschlacht um England geriet das Jagdflugzeug zunächst in den Mittelpunkt. Die beiden herausstechenden Typen dieser Zeit waren die Messerschmitt Bf 109 und die Supermarine Spitfire, die durch Verbesserungen der Aerodynamik und auch der Leistungsfähigkeit der Motoren im Laufe ihrer Entwicklung wesentlich in ihrer Leistungsfähigkeit gesteigert wurden.

Die Heinkel He 280 war das erste zweistrahlige Flugzeug der Welt; es besaß zwei Turbostrahltriebwerke. Es war auch das erste Flugzeug, das mit einem Schleudersitz ausgerüstet war. Der Erstflug fand am 2. April 1941 statt. Seinen ersten Einsatz als Rettungsgerät hatte der Schleudersitz wohl am 13. Januar 1943, als sich der Pilot aus einer He 280 katapultieren musste, die wegen Vereisung flugunfähig geworden war.

Messerschmitt Bf 109

Die Alliierten setzten für den strategischen Luftkrieg große viermotorige Bombenflugzeuge ein. Da Angriffe wegen der deutschen Luftverteidigung oft nachts geflogen werden mussten hielt die Avionik in den Luftkrieg Einzug. Geräte zu Positionsbestimmung, wie das GEE-Verfahren, Radar zur Navigation und zur Nachtjagd und auch Funkgeräte zogen in Einsatz ein. Der Kampf führte zu immer größeren Flughöhen und Geschwindigkeiten. Um die Bombenflugzeuge wirksam schützen zu können wurden Jagdflugzeuge mit großer Reichweite entwickelt, etwa die North American P-51

North American P-51 Mustang

Marschflugkörper Fieseler Fi-103

Mitsubishi Zero

Die Arado Ar 234B-2 von 1944 war der erste vierstrahlige Bomber mit einem Autopiloten (*PDS*), gefolgt. Kurz vor Kriegsende entstand der zweistrahlige Nurflügler Horten Ho IX. Die Außenhülle war mit einer Mischung aus Kohlenstaub und Leim beschichtet, um Radarstrahlen zu absorbieren.

Mit der Messerschmitt Me 163 wurde Mitte 1944 ein Raketengleiter, ausgehend von einem Segelflugzeug, zur Einsatzreife entwickelt. Als Objektschutzjäger eingesetzt bestach das Flugzeug durch seine Steigleistung, war jedoch aufgrund der Einsatzumstände praktisch wirkungslos.

Während dieser Zeit steigerte sich die Fluggeschwindigkeit bis in den transsonischen Bereich. Umfangreiche Forschungsprojekte, insbesondere auf deutscher Seite, führten zu grundlegenden Entdeckungen der in der

Hochgeschwindigkeitsaerodynamik, etwa die Anwendung der Tragflächenpfeilung oder die Entdeckung der Flächenregel. Produkt dieser Bemühungen war der schwere Strahlbomber Junkers Ju 287 mit negativer Pfeilung der Tragflächen und Anwendung der Flächenregel.

Die Japaner errangen mit ihrer leichten und wendigen Mitsubishi Zero Sen im Pazifik zunächst herausragende Erfolge. Erst spätere Entwicklungen der USA erlaubten es, gegen den Gegner mit Erfolgsaussicht vorzugehen. Als die Lage Ende 1944 für Japan immer aussichtsloser wurde, ersannen sie Kamikaze-Flugzeuge, deren Piloten das voll Sprengstoff gepackte Flugzeug selbstmörderisch auf alliierte Schiffe lenkten.

Messerschmitt Me 163

Kamikazeflugzeug Yokosuka MXY-7

B-29 „Enola Gay"

1945 bis heute

1947 durchbrach die Bell X-1 als erstes Flugzeug offiziell die Schallmauer, inoffiziell war das nach Berichten deutscher Kampfflieger aus Versehen bereits 1945 mit einer Messerschmitt Me 262 gelungen. Die X-1 war ein Experimentalflugzeug mit Raketenantrieb welches von einer B-29 in ca. 10 km Höhe getragen und dort ausgeklinkt wurde, woraufhin der Raketenantrieb zündete und das Flugzeug die Schallmauer durchbrach.

Mit dem Kalten Krieg und dem Koreakrieg (1950–1953) begann das Wettrüsten der Strahlflugzeuge. Am 8. November 1950 gelang der weltweit erste Sieg in einem Luftkampf zwischen Strahlflugzeugen, bei dem eine MiG-15 von einer Lockheed P-80 abgeschossen wurde. Grundsätzlich waren die P-80 und Republic F-84 den russischen Jets jedoch nicht gewachsen und wurden deshalb bald von der F-86 Sabre abgelöst.

Bell X-1

Lockheed P-80

North American F-86 „Sabre"

Mit der Inbetriebnahme der britischen De Havilland DH 106 „Comet" bei der Fluggesellschaft BOAC 1952 schien das Zeitalter der Strahlturbinen auch für Verkehrsflugzeuge anzubrechen. Allerdings waren die verfügbaren Werkstoffe den neuen Belastungen noch nicht gewachsen – der Verkehr fand jetzt in größeren Höhen statt und die die wechselnde Druckbelastung führte zu Haarrissen im Rumpf. Als 1954 mehrere Maschinen dieses Typs abstürzten und die Maschinen am Boden bleiben mussten, war dieses Zeitalter in der westlichen Welt erst einmal unterbrochen. Anders im Ostblock: Mit der Tupolew Tu-104 etablierte die Sowjetunion ab 1956 erfolgreiche Liniendienste. Die Briten waren an einem Phänomen gescheitert, welches damals noch kaum erforscht war: Materialermüdung. Die Comet musste weitgehend neu konstruiert werden. Als das Nachfolgemodell D.H. 106 4B nach vier Jahren seinen Dienst wieder aufnahm, hatte Boeing mit der 707 bereits ein Strahlflugzeug für den Passagiertransport entwickelt und erfolgreich verkauft, das eine höhere Reichweite hatte und mehr als doppelt so viele Passagiere befördern konnte. Den endgültigen Erfolg bescherte der 707 ab 1962 der Einsatz der leistungsstärkeren und verbrauchsärmeren Mantelstromtriebwerke (engl. Turbofan). Anfang der 70er Jahre begann der Einzug des Großraumpassagierflugzeugs Boeing 747 „Jumbo-Jet", dessen Dominanz in diesem Bereich wohl erst mit dem Airbus A380 abnehmen wird.

De Havilland DH 106 „Comet"

Boeing 707 mit den alten Pratt & Whitney JT3C Strahlturbinen

Boeing 747 „Jumbo-Jet"

Mit Beginn der 50er Jahre begann die Entwicklung weitreichender strategischer Bomber, die auch Atombomben tragen konnten. Die bekanntesten Vertreter waren die Boeing B-52, Convair B-58, Mjassischtschew M-4 und die Tupolew Tu-95. Die B-58 war das erste Kampfflugzeug mit einem zentralen Bordrechner, der die zahlreichen Baugruppen zusammenfasste.

Boeing B-52 „Stratofortress"

Convair B-58 „Hustler"

Tupolew Tu-95 „Bear hinter einer F/A18 Hornet"

1955 rüstete die französische Firma Sud Aviation ihren Hubschrauber Alouette II mit einer 250 kW-Turboméca-Artouste-Wellenturbine aus und baute damit den ersten Hubschrauber mit Gasturbinenantrieb.

Mit dem Hawker Siddeley Harrier begann die Serienherstellung senkrechtstartender VTOL-Flugzeuge ab 1966. Allerdings kamen fast alle anderen VTOL-Flugzeuge nicht über das Prototypenstadium hinaus. Die USA entwickeln zurzeit (2005) mit dem F-35 Joint Strike Fighter eine neue Generation von SVTOL/-VTOL-Flugzeugen.

Alouette II

Lockheed U-2 (heute TR1)

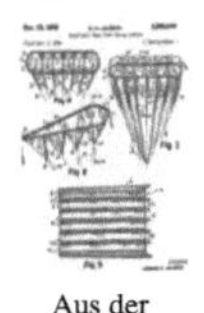

Aus der Patentschrift zum *Parafoil*

Harrier II

Mit dem Vietnamkrieg trafen erneut sowjetische und amerikanische Flugzeuge aufeinander. Dabei erwies sich die MIG 21 gegenüber der amerikanischen McDonnell F-4 Phantom II in vielen Fällen als überlegen. Die Boeing B-52 wurde zu großflächigen Bombardements eingesetzt. Der umfangreiche Einsatz von Hubschraubern, wie der CH-47 Chinook und Bell UH-1, wurde immer wichtiger.

Mit dem Jungfernflug der Tupolew Tu-144 am 31. Dezember 1968 und der Concorde am 2. März 1969 begann die Episode des Überschall-Passagierluftverkehrs. Die Amerikaner hatten bei konventionellen zivilen, mit Turbinenstrahltriebwerken angetriebenen Passagierflugzeugen eine Monopolstellung erreicht. Diese wollten Engländer und Franzosen durch den Bau der Concorde durchbrechen. Hohe Energiekosten und höheres

Umweltbewusstsein schränkten jedoch die Wirtschaftlichkeit und Brauchbarkeit dieses Modells ein. Der letzte Flug einer Concorde fand am 26. November 2003 statt.

Die Lockheed F-117A Nighthawk der United States Air Force war das weltweit erste einsatzbereite Flugzeug, das sich die Tarnkappentechnik konsequent zunutze machte. Die erste F-117A wurde 1982 ausgeliefert. Während des Baus der F-117 wurde sie von den amerikanischen Ingenieuren als „hoffnungsloser" Fall bezeichnet, da sie vermuteten, dass das Flugzeug aufgrund seiner Form nie in der Lage sein würde zu fliegen. Bevor sie einen offiziellen Namen bekamen, nannten die Ingenieure und Testpiloten die unkonventionellen Flugzeuge, die während des Tages versteckt wurden, um Entdeckung durch sowjetische Satelliten zu verhindern, „Cockroaches" (Kakerlaken). Diese Bezeichnung wird noch immer häufig benutzt, weil diese Flugzeuge nach Meinung vieler zu den hässlichsten gehören, die bislang gebaut wurden. Das Flugzeug wird auch „Wobblin Goblin" genannt, speziell wegen ihrer unruhigen Flugeigenschaften bei Luftbetankungen. Es lässt sich auf Grund seiner instabilen aerodynamischen Eigenschaften nur mit Computerunterstützung fliegen.

Mit dem Raketenflugzeug SpaceShipOne gelang am 21. Juni 2004 der erste privat finanzierte suborbitale Raumflug über 100 km Höhe. Die Maschine wurde von der Firma Scaled Composites im Rahmen des Projekts Tier One entwickelt, um den Wettbewerb Ansari X-Prize der *X-Prize Foundation* für sich entscheiden zu können. Dieser stellte zehn Millionen Dollar für denjenigen in Aussicht, der als erster mit einem Fluggerät neben dem Piloten zwei Personen oder entsprechendem Ballast in eine Höhe von mehr als 100 Kilometer befördert und dies mit demselben Fluggerät innerhalb von 14 Tagen wiederholt.

Tupolew Tu-144

Lockheed F-117 Nighthawk

SpaceShipOne

Laufende Forschung und Zukunft

Um der Thematik der notwendigen Treibstoffeinsparung zu begegnen, wird häufig der mögliche Einsatz von Nurflüglern diskutiert. Damit soll auch die Lärmbelastung gesenkt werden. Ein realistischer Forschungsschwerpunkt ist der erweiterte Einsatz von Leichtbauwerkstoffen wie CFK und bedingt GLARE. Auch werden neue Triebwerke mit Wärmerückgewinnung über Wärmeübertrager entwickelt. Die Nutzung aerodynamischer Erkenntnisse bei z. B. den Winglets oder den Gurney Flaps werden untersucht. Im militärischen Bereich setzen sich immer mehr die Drohnen durch und mit der Boeing AL-1 werden ganz neue Waffensysteme auf Laser-Basis erprobt.

Neuste Forschungen aus dem April 2009 der Universität Genua zeigen, dass Federn geeignet sind, den Luftwiderstand von Flugzeugen deutlich zu senken. Flugzeuge könnten mit Federn deutlich effizienter betrieben werden. Bedeutsam sind dabei die Deckfedern und ihre Rolle bei der Aerodynamik. Obwohl die Deckfedern scheinbar keine Nutzen haben, konnte Alessandro Bottaro als Leiter der Untersuchungen feststellen, dass beim Gleiten der Vögel einige der Federn im besonderen Winkeln vom Flügel abstehen und den Luftstrom in Schwingungen versetzen. Um die Auswirkungen zu untersuchen, hatten die Forscher ein zylindrisches Objekt (20 cm Durchmesser) mit synthetischen Deckfedern versehen und im Windkanal getestet. Ergebnis war eine Reduzierung des Lufwiderstandes um 15%. Als ähnliches Beispiel verweisen die Forscher darauf, dass ein neuer Tennisball ebenfalls schneller fliegt als ein abgenutzter Tennisball.[10]

Rekorde

Fluggeschwindigkeit

Die folgende Tabelle gibt einen Überblick über die von Flugzeugen erreichten Geschwindigkeitsrekorde:

Jahr	Geschw.	Pilot	Nationalität	Flugzeug
1903	56 km/h	Orville Wright	USA	Flyer 1
1910	106 km/h	Leon Morane	Frankreich	Blériot XI
1913	204 km/h	Maurice Prevost	Frankreich	Deperdussin-Monocoque
1923	417 km/h	Harold J. Brow	USA	Curtiss R2C-1
1934	709 km/h	Francesco Agello	Italien	Macchi-Castoldi M.C.72 (Schwimmerflugzeug)
1939	755 km/h	Fritz Wendel	Deutschland	Messerschmitt Me 209 V1
1941	1.004 km/h	Heini Dittmar	Deutschland	Messerschmitt Me 163 (Raketenjäger)
1947	1.127 km/h Mach 1,015	Charles Elwood Yeager	USA	Bell X-1
1951	2.028 km/h	Bill Bridgeman	USA	Douglas Skyrocket
1956	3.058 km/h	Frank Everest	USA	Bell 52 X-2 (Rakete)
1961	5.798 km/h	Robert White	USA	North American X-15 (Raketenflugzeug)
1965	3.750 km/h	W. Daniel	USA	Lockheed SR-71 Blackbird (Düsenflugzeug)
1966	7.214 km/h	William Joseph Knight	USA	North American X-15 (Raketenflugzeug)
2004	11.265 km/h	unbemannt	USA	Boeing X-43A (Staustrahltriebwerk)

Größe

Antonow An-225 – längstes Flugzeug der Welt

Als größtes Flugzeug der Welt gilt das Frachtflugzeug Antonow An-225 „Mrija". Es hat die größte Länge, das höchste Startgewicht und den größten Schub aller Flugzeuge. Der Airbus A380 ist aufgrund seiner Kapazität das größte Passagierflugzeug der Welt (max. 853 Passagiere). Dennoch ist er nicht das längste Passagierflugzeug: Mit einer Länge von 75,30 m ist der Airbus A340-600 etwa 2,5 Meter länger. Jedoch löste die Boeing 747-8 die Airbus A340-600 vom Platz des längsten Passagierflugzeugs der Welt ab.[11] Die größte Spannweite und Höhe hatte das in den 1940er Jahren entworfene Flugboot Hughes H-4, das jedoch nie in Serie gebaut wurde.

Das leistungsfähigste Triebwerk hat die zweistrahlige Boeing 777-300 mit 512 kN Schub. Die größte Reichweite ist nur schwer festlegbar, da sie bei jedem Flugzeug durch zusätzliche Tanks (im Extremfall bis zum maximalen Startgewicht) erhöht werden kann. Das Flugzeug mit der größten serienmäßigen Reichweite ist die Boeing 777-200LR mit 17.446 km. Die größte jemals ohne nachzutanken erzielte Reichweite gehört der Voyager mit 42.212 km.

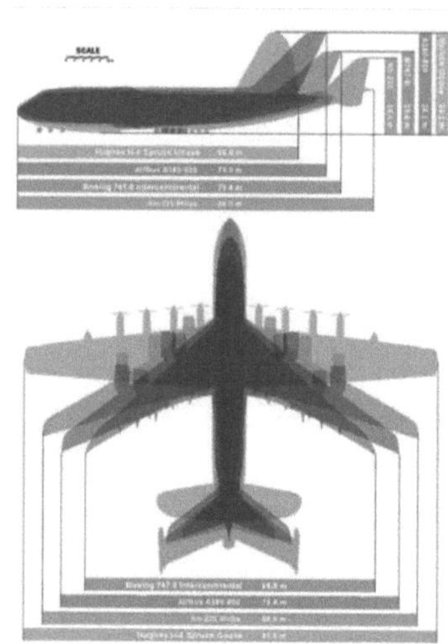

Vergleich großer Flugzeuge

	A380-800	A340-600	B747-400	B777-300 ER	Hughes H-4	Antonow An-225
Länge	72,7 m	75,3 m	70,7 m	73,9 m	66,7 m	**84,0 m**
Spannweite	79,8 m	63,5 m	64,4 m	64,8 m	**97,5 m**	88,4 m
Höhe	24,1 m	17,3 m	19,4 m	18,6 m	**25,1 m**	18,1 m
max. Startgewicht	560 t	368 t	413 t	352 t	182 t	**600 t**
Reichweite	15.000 km	13.900 km	14.200 km	14.600 km	4.800 km	**15.400 km**
max. Passagierzahl	**853**	419	458	550	750	Frachtflugzeug
Leistung	4·311 kN = 1244 kN	4·267 kN = 1088 kN	4·274 kN = 1096 kN	2·512 kN = 1024 kN	8·2240 kW = 17.920 kW	6·230 kN = 1380 kN

Siehe auch

- Liste von Flugzeugtypen

Literatur

- Bölkow, Ludwig (Hrsg.) – *Ein Jahrhundert Flugzeuge. Geschichte und Technik des Fliegens*, VDI-Verlag, Düsseldorf 1990, ISBN 3-18-400816-9
- R. G. Grant – *Fliegen. Die Geschichte der Luftfahrt*, Dorling Kindersley, Starnberg 2003, ISBN 3-8310-0474-9
- Götsch, Ernst – *Einführung in die Flugzeugtechnik*, Deutscher Fachverlag, Frankfurt 1971, ISBN 3-87234-041-7
- Götsch, Ernst – *Luftfahrzeugtechnik*, Motorbuchverlag, Stuttgart 2003, ISBN 3-613-02006-8
- Höfling, Oskar – *Physik, Band II, Teil 1, Mechanik – Wärme*, 15. Auflage, Ferd. Dümmlers Verlag, Bonn 1994, ISBN 3-427-41145-1
- *Knaurs Lexikon der Naturwissenschaften* Droemersche Verlagsanstalt, Th. Knaur Nachf., München und Zürich 1969.
- *Wie funktioniert das?* Meyers erklärte Technik, Band 1. Bibliographisches Institut, Mannheim und Zürich 1963.

Weblinks

- Airplanes.se [12]
- Physikalische Grundlagen dargestellt vom Deutschen Aero Club [13]
- Quarks & Co, Faszination Fliegen [14]

Einzelnachweise

[1] International Civil Aviation Organization (Hrsg.): *Annex 2 to the Convention on International Civil Aviation.* Rules of the Air. 10. Auflage. Juli 2005, S. 1-1 (Online verfügbar, PDF, 336 kb (http://www.bazl.admin.ch/dokumentation/grundlagen/02643/index.html?lang=de&download=NHzLpZeg7t,lnp6I0NTU042l2Z6ln1acy4Zn4Z2qZpnO2Yuq2Z6gpJCDeoB6hGym162epYbg2c_JjKbNoKSn6A--), abgerufen am 30. Mai 2011).

[2] *Das Neue Universallexikon.* Bertelsmann Lexikon Verlag, 2007, ISBN 978-3577102988, S. 284.

[3] Heinz A. F. Schmidt: *Lexikon der Luftfahrt.* Motorbuch Verlag, 1972, ISBN 3879432023.

[4] Wilfried Kopenhagen u.a: *transpress Lexikon: Luftfahrt.* 4. überarbeitete Auflage. Transpress-Verlag, Berlin 1979, S. 255.

[5] Kathrin Kunkel-Razum, Birgit Eickhoff: *Duden. Standardwörterbuch Deutsch als Fremdsprache.* In: Bibliographisches Institut (Hrsg.): *{{{Sammelwerk}}}.* 1 Auflage. Dudenverlag, Mannheim 2002 („Flugzeug [...]: Luftfahrzeug mit horizontal an den Seiten seines Rumpfes angebrachten Tragflächen.").

[6] *DWDS-Würterbuch: Flugzeug.* (http://www.dwds.de/?kompakt=1&qu=Flugzeug) In: *Digitales Wörterbuch der deutschen Sprache des 20. Jahrhunderts.* DWDS-Projekt, Berlin-Brandenburgische Akademie der Wissenschaften, abgerufen am 30. Mai 2011: „Luftfahrzeug, das meist aus einem mit einem Fahrwerk versehenen Rumpf mit horizontal angebrachten Tragflügeln und einem Leitwerk besteht und dessen Flugfähigkeit durch einen dynamischen Auftrieb zustande kommt"

[7] Flugwerk/Zelle gleichbedeutend verwendet, s. Tabelle S.5 (http://www.lba.de/cae/servlet/contentblob/21250/publicationFile/2116/Umwandlungsbetricht.pdf)

[8] Jochim Scheiderer: *Angewandte Flugleistung – Eine Einführung in die operationelle Flugleistung vom Start bis zur Landung*, Springer-Verlag, 2008, ISBN 978-3-540-72722-4, DOI:10.1007/978-3-540-72724-8

[9] Die Geschichte des Jagdflugzeuges (http://www.fpv-flieger.de/index.php/lexikon/199-geschichte-jagdflugzeug.html)

[10] Pressetext Vogelfedern sollen Flugzeuge effizienter machen (http://pressetext.de/news/090416004/vogelfedern-sollen-flugzeuge-effizienter-machen/)

[11] reisenews-online.de: *„Boeing stellt das längste Passagierflugzeug der Welt vor* (15. Februar 2011) (http://www.reisenews-online.de/2011/02/15/praesentation-des-jumbo-747-8-boeing-stellt-das-laengste-passagierflugzeug-der-welt-vor/)

[12] http://www.airplanes.se/

[13] http://www.daec.de/te/grundlagen.php

[14] http://www.quarks.de/fliegen2/00.htm

Stoßdämpfer

Der **Stoßdämpfer** ist bei Fahrwerken ein sicherheitsrelevantes Bauteil, das die Schwingungen der gefederten Massen schnell abklingen lässt. Korrekt wäre die Bezeichnung „Schwingungsdämpfer“, weil dieses Bauelement die Schwingungsenergie in Wärme umwandelt. Ohne diese Energieumwandlung würde die gedämpfte Schwingung zu langsam abklingen.

Der Stoßdämpfer dient *nicht* dazu, durch Fahrbahnunebenheiten ins Fahrzeug eingeleitete Stöße abzufangen. Dafür ist die Federung zuständig.

Hydraulischer Stoßdämpfer und unterer Federteller eines McPherson-Federbeins

Aufbau und Funktion

Hydraulische Stoßdämpfer

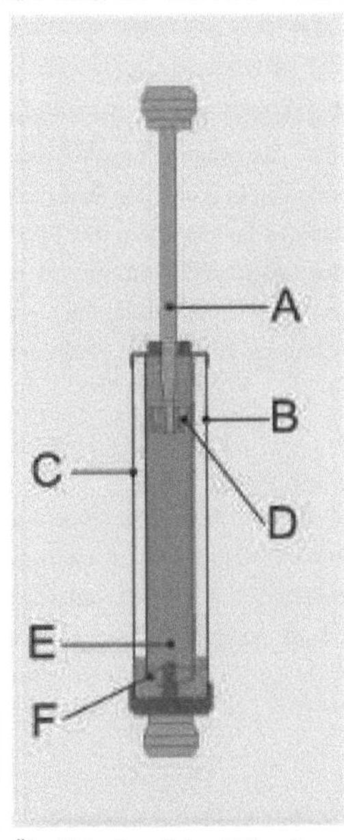

Ölstoßdämpfer mit Ausgleichsvolumen (Zweirohrdämpfer)

Hydraulische Stoßdämpfer bestehen im Wesentlichen aus einem an einer Kolbenstange in einem ölbefüllten Zylinder geführten Kolben. Bei axialer Bewegung der Kolbenstange (und damit des Kolbens) gegenüber dem Zylinder muss das Öl durch enge Kanäle und Ventile im Kolben strömen. Durch den Widerstand, der dem Öl dabei entgegengebracht wird, werden Druckdifferenzen erzeugt, die über Wirkflächen die Dämpfungskräfte erzeugen. Die daraus resultierende Dämpfarbeit (F*s) wird in Erwärmung des Öls umgesetzt. Die Viskosität und damit Dämpfungswirkung des Öls ist auch temperaturabhängig. Um den Temperaturanstieg des Dämpfers auf ein für die beteiligten Bauteile erträgliches Niveau zu begrenzen, muss der Dämpfer ausreichend Wärme an die Umgebungsluft abgeben können.

Bei den oft verwendeten Gasdruckstoßdämpfern wirkt das unter Innendruck stehende Gas zusätzlich wie eine Feder, sodass die Wirkung der Federung unterstützt wird, was bei der Auslegung des Fahrwerkes zu berücksichtigen ist.

Das Volumen der einsinkenden Kolbenstange muss innerhalb des Dämpfers ausgeglichen werden. Einen reinen Öldämpfer kann es also nicht geben, denn Öl ist wie alle Flüssigkeiten nahezu inkompressibel. Der Ausgleich kann z.B. durch ein unter hohem Druck (~30 bar) stehendes Gaspolster aus Stickstoff oder Luft realisiert werden, welches durch einen beweglichen Kolben vom Ölvolumen getrennt angeordnet ist (Einrohrdämpfer). Durch Verschiebung des trennenden Kolbens übernimmt das Gaspolster den Volumenausgleich beim Einfahren der Kolbenstange.

Zug- und Druckstufe

Ein direkt angelenkter hydraulischer Stoßdämpfer wird beim Ausfedern auf Zug und beim Einfedern auf Druck beansprucht. Deshalb wird die Dämpfung beim Ausfedern als Zugstufe, beim Einfedern als Druckstufe bezeichnet.

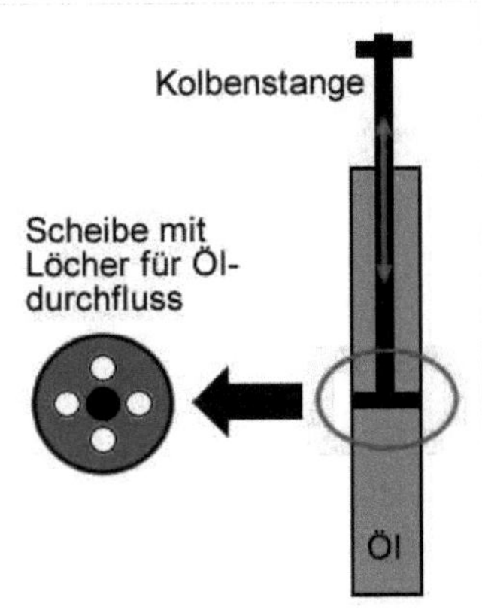

Vereinfachter Aufbau eines Stoßdämpfers

Aus der Federkennlinie und der auf die Feder wirkenden Kraft ergibt sich der Hubweg. Die Dämpferrate multipliziert mit der Hubgeschwindigkeit ergibt die Dämpfungskraft, die dem Hub entgegen wirkt. In Fahrzeugen werden Dämpfer eingesetzt, die verschiedene Dämpferraten für Zug- und Druckstufe haben. Damit beim Überfahren einer Bodenwelle die Feder ihre Aufgabe erfüllen kann und den dabei entstehenden Stoß des Rades nach oben (in Richtung Karosserie) auffangen kann, ist die Dämpfungsrate der Druckstufe niedriger als die der Zugstufe.

Der Grund dafür ist, dass in Druckrichtung wesentlich höhere Beschleunigungen auftreten können als in Zugrichtung, in der sie maximal der Erdanziehungskraft + Ausfederungskraft entspricht. Ein Dämpfer mit höherer Dämpfung würde die folglich schnelleren Anregungen (härteren Stöße) in Druckrichtung direkter an die Karosserie weitergeben und somit den Komfort mindern. Um dennoch die Schwingungsenergie schnell abzubauen, wird die Dämpfungsrate in Zugrichtung höher gesetzt, da hier die Folgen für den Komfort geringer sind.

Mechanische Stoßdämpfer

Mechanische Stoßdämpfer bestehen prinzipiell aus federbelasteten Reibflächen. Geschichtete Blattfedern bestehen aus mehreren Federblättern und stellen kombinierte Feder-/Dämpfer-Einheiten dar, die wegen ihres robusten, langlebigen und kostengünstigen Aufbaus bevorzugt in Lkw eingesetzt werden. Durch die Biegung der Feder wird der Stoß aufgefangen und in der Feder gespeichert. Die Reibung zwischen den einzelnen Federblättern dämpft die Schwingung und erzeugt Wärme. Diese Dämpfung ist jedoch nicht abhängig von der Geschwindigkeit, mit der die Federbewegung stattfindet, und ist deshalb im Vergleich zur geschwindigkeitsabhängigen Dämpfung von hydraulischen Stoßdämpfern weniger effektiv. In der Regel werden deshalb zusammen mit Blattfedern zusätzliche hydraulische Stoßdämpfer verbaut.

Weitere Formen

Eine besondere in der Formel 1 eingesetzte Bauart ist der außen anliegende Drehstoßdämpfer. Eine Neuentwicklung sind die Luftfederdämpfer, die sowohl im Nutzfahrzeugbereich wie auch bei Personenwagen eingebaut werden. Sie können neben der Federung und Dämpfung auch die Niveauregulierung übernehmen. Auch Motorräder und Fahrräder werden mit Luftfederdämpfern ausgestattet, in denen das Medium Luft sowohl Feder- als auch Dämpferaufgaben übernimmt.

Bedeutung der Stoßdämpfer in Kraftfahrzeugen

Hydraulischer Stoßdämpfer an der Kurbellenkerachse eines VW Käfer, hier in einem Formel-V-Rennwagen

Nach Bremsen, Reifen und der Lenkung ist der Stoßdämpfer das wichtigste Bauteil, um ein Fahrzeug sicher beherrschen zu können. Dennoch wird in Deutschland im Rahmen der Hauptuntersuchung (z. B. bei einem TÜV) nur eine Sichtprüfung der Stoßdämpfer durchgeführt. Eine Funktionsprüfung kann mit einem Shocktester (engl. Stoßdämpfer = shock absorber, oder kurz: shock) durchgeführt werden, bei dem die einzelnen Räder des Fahrzeugs in Schwingung versetzt werden und danach die Abklingkurve der Schwingung aufgezeichnet wird.

Durch die Stoßdämpfer werden die Reifen vor allem beim Durchfahren von Kurven, aber auch bei Vollbremsungen auf der Straße gehalten. Ohne deren Schwingungsdämpfung würden die Räder nach dem Einfedern selbsttätig wieder ausfedern, dadurch das Fahrzeug nach oben beschleunigen, und somit die Normalkraft der Räder auf die Fahrbahn verringern, was dazu führen würde, dass die Reibkraft, die die Reifen auf die Fahrbahn bringen können, sinkt. Das Fahrzeug rutscht dann (Übergang von Haft- in Gleitreibung: Es tritt Schlupf auf, diesen kann man als Quietschen wahrnehmen). Bildlich formuliert „hüpft" das Fahrzeug wie ein Gummiball auf der Fahrbahn. Die Reifen können jedoch nur Antriebs-, Brems- und Querkräfte (Kurvenfahrt) übertragen, wenn sie mit einer bestimmten Kraft auf die Fahrbahn gepresst werden. Ein Fahrzeug mit Federn ohne Stoßdämpfer ist daher nicht sicher steuerbar.

Gelegentlich wird angegeben, dass bei Fahrzeugen ohne ABS der Bremsweg von 50 km/h bis zum Stillstand um vier Meter länger ist, wenn die Stoßdämpfer verschlissen sind (dies ist abhängig vom Fahrbahnzustand). Mit nicht funktionierenden Stoßdämpfern verdoppelt sich die Wahrscheinlichkeit eines Überschlags bei einem Notausweichmanöver (Iso-Spurwechseltest, Elchtest). Die Lebensdauer von Stoßdämpfern in Pkw ist von der Einsatzart abhängig und kann zwischen 60.000 und 250.000 km liegen.

Bei der Auslegung eines Fahrzeuges werden Federn und Dämpfer aufeinander abgestimmt. In der Praxis können Nachrüstsätze aus dem Zubehörhandel, bei denen kürzere Federn (Tieferlegung) mit dem vorhandenen Dämpfer kombiniert werden, zu schlechterem Fahrverhalten führen: Wenn die Federraten höher sind, die Dämpfungsraten jedoch unverändert bleiben, können sich Schwingungen im Fahrwerk länger halten, das Fahrzeug "hüpft" nach Überfahren von Bodenwellen. Bei Serienfahrwerken mit defekten Dämpfern ist die Frequenz etwas niedriger, es wippt langsamer. In beiden Fällen ist die maximal erreichbare Kurvengeschwindigkeit bei einem bestimmten Radius niedriger als bei intakten bzw. auf die Federn abgestimmten Stoßdämpfern, da die Reifen bei Unebenheiten wegen auftretender Schwingungen schneller den Kontakt zur Fahrbahn verlieren.

Erkennen von defekten Stoßdämpfern in Pkw

Nachlassende Dämpfung wird oft unbewusst durch ein geändertes Fahrverhalten des Fahrers ausgeglichen. Es gibt einige Anzeichen von nachlassenden Stoßdämpfern, wobei die auftretenden Effekte nicht schlagartig auftreten, sondern mit wachsendem Verschleiß des Dämpfers einhergehen:

- Mehrfaches Nachschwingen, wenn man das Fahrzeug in Radnähe mit der Hand in Schwingungen versetzt (einfacher Funktionstest, das Verhalten zeigt sich vor allem bei Dämpfern, die völlig funktionslos geworden sind)
- Nach Unebenheiten schwingt das Fahrzeug nach
- Poltergeräusche auf schlechten Straßen bei niedriger Geschwindigkeit (30er-Zone)
- Ungleichmäßige Abnutzung von Reifen und erhöhter Reifenverschleiß
- Flatternde Lenkung oder vielfach unterbrochene Bremsspur nach einer Vollbremsung wegen springender Räder
- schwammiges Kurvenfahrverhalten, bei welliger Fahrbahn driftet das Fahrzeug in Abhängigkeit von der Anregung der Vertikalschwingungen nach außen
- steigende Seitenwindempfindlichkeit

Gänzlich defekte Dämpfer erkennt man auch durch erhebliche Mengen austretenden Öls an den Kolbenstangen der Dämpfer. Umgekehrt kann aber aus einem vollkommen dichten Stoßdämpfer nicht die einwandfreie Funktion abgeleitet werden.

Bauformen von Stoßdämpfern in Pkw

Bei den Stoßdämpferausführungen in PKW unterscheidet man grundsätzlich zwischen Achsdämpfer, d. h. einem alleinstehenden Schwingungsdämpfer und einem Federbein, hauptsächlich in der Bauform eines McPherson-Federbeins. Konventionelle Stoßdämpfer in PKW werden heutzutage hauptsächlich in hydraulischer Ausführung in Ein- und Zweirohrbauweise gefertigt.

Reibungsdämpfer

Vor der Entwicklung der hydraulischen Stoßdämpfer wurden die Fahrzeuge mit Reibungsdämpfern ausgerüstet. Diese lassen die Schwingungen schneller abklingen, wirken aber unerwünscht federungsverhärtend: In Ruhestellung besteht eine Haftreibung zwischen den Reibflächen, die erst durch eine größere Kraft überwunden werden muss. Dies tritt nicht nur vor der Anregung, sondern unter Umständen auch während des Schwingungsvorgangs an den Scheitelpunkten der Bewegung auf.

Reibungsdämpfer bestanden aus zwei ineinanderliegenden Zylindern und mehreren Stahlscheiben und Reibbelägen. Der äußere Zylinder war fest mit dem Aufbau verbunden und die Stahlscheiben waren im Zylinder gegen Verdrehen gesichert. Die Reibbeläge waren fest mit dem inneren Zylinder verbunden und dieser über ein Gestänge mit der Fahrzeugachse. Durch die Anordnung von abwechselnd Stahlscheiben und Reibbelägen ist die Wirkungsweise mit einer Mehrscheibenkupplung gleichzusetzen. Durch Veränderung der Vorspannung einer innenliegenden Feder konnte der Dämpfungsgrad eingestellt werden.

Reibungsstoßdämpfer an einem Mercedes-Benz SSKL

Einrohrdämpfer

Der Einrohrdämpfer ist in die Arbeitskammer (Ölraum) und Gegendruckraum (Gaskammer) untergliedert. Im Ölraum wird die eigentliche Dämpfarbeit vollbracht, d.h. die am Kolben sitzenden Dämpfungsventile setzen dem durch den Kolben hindurchfließenden Öl einen Widerstand entgegen. Dadurch wird eine Druckdifferenz erzeugt, die der sich relativ zum Behälter bewegenden Kolbenstange eine Dämpfkraft entgegensetzt. Die Gaskammer dient zum Volumen- und Temperaturausgleich. Beim Einfedern gleicht die Gaskammer das Volumen der durch die Kolbenstange verdrängten Ölmenge durch Kompression aus. Bei Wärmeentwicklung durch die Dämpfung am Kolben dehnt sich das Dämpferöl aus. Diese Ausdehnung wird ebenfalls durch das Gasvolumen kompensiert. Üblicherweise hat ein Einrohrdämpfer einen Basisinnendruck von ca. 20 - 30 bar. Diese Vorspannung wird benötigt, damit beim Einfedern nicht die Ölsäule in der oberen Arbeitskammer (Kammer über dem Kolben) abreißt und somit kein Vakuum entsteht (Gefahr der Kavitation). Dies würde sich negativ auf die Dämpfkraftcharakteristik des Dämpfers auswirken.

Zweirohrdämpfer

Der Zweirohrdämpfer besitzt im Gegensatz zum Einrohrdämpfer zusätzlich zum Zylinderrohr, in welchem sich der an der Kolbenstange befestigte und mit weiteren Ventilteilen bestückte Kolben axial bewegt, zusätzlich ein weiteres koaxial angeordnetes Behälterrohr. Der Kolben teilt den inneren Ölraum in einen oberen und unteren Arbeitsraum. In der Druckstufe fährt die Kolbenstange ein und es strömt ein Teil des Öls aus dem unteren Arbeitsraum durch das Kolbenventil in den oberen Arbeitsraum. Das der eintauchenden Kolbenstange entsprechende Ölvolumen wird dabei durch ein am unteren Ende des Zylinderrohres befindliches Bodenventil in den so genannten Ausgleichsraum zwischen Zylinder- und Behälterrohr gedrückt. Dabei wird ebenfalls durch das Bodenventil eine für die Dämpfung relevante Druckdifferenz erzeugt. Beim Ausfahren der Kolbenstange (Zugstufe) übernimmt das Kolbenventil die Dämpfung, während durch das Bodenventil das der ausfahrenden Kolbenstange entsprechende Ölvolumen weitgehend ungehindert zurückfließt.

Siehe auch

- Gasdruckfeder
- McPherson-Federbein
- Federbein
- Hydropneumatische Federung

Literatur

- Peter Heuslinger, *Moderne Mechanik in der Kfz-Technik*,Verlag Liebentreu-Haslinger, Ulm, 2002
- Peter Causemann, *Kraftfahrzeugstoßdämpfer*,Verlag Moderne Industrie, Landsberg/Lech, 2001

Weblinks

Dämpfer [1]

References

[1] http://www.thyssenkrupp-bilstein.com/de/produkte/daempfer.html

Startlauf

Der **Startlauf** ist das Beschleunigen eines Luftfahrzeugs auf der Startbahn bis zum Rotieren (Lageänderung um die Querachse, also Heben der Nase und Senken des Hecks) und dem Abheben.

Länge des Startlaufs

Die Länge des Startlaufs hängt vom Flugzeugtyp, dem Gewicht des Flugzeugs, der Konfiguration (Auftriebshilfen, "Landeklappen"), der Höhe des Startflugplatzes und den Wind- und Wetterbedingungen (Luftdruck!) ab. Hersteller wie Boeing und Airbus geben dafür technische Spezifikationen heraus (siehe Weblinks). Beispielsweise beträgt die Startstrecke einer Boeing 737-700 bei maximalem Startgewicht unter Normalbedingungen 1830 Meter. Die Startstrecke des Airbus A340 wird mit ca. 3000 Metern angegeben.

Einteilung des Startlaufs

Während des Startlaufs müssen die Flugzeugführer die Systeme des Flugzeugs und die Ausrichtung des Flugzeugs entlang der Mittellinie der Startbahn überwachen. Vor dem Start werden zur Planung des Startlaufs aus den oben genannten Parametern Richtgeschwindigkeiten berechnet, zum Beispiel die Entscheidungsgeschwindigkeit für einen Startabbruch V_1, die Rotationsgeschwindigkeit V_R, bei der das Bugrad von der Startbahn abhebt und das Flugzeug um das Hauptfahrwerk rotiert und die Abhebegeschwindigkeit V_{lof} (von "lift off"), bei der das Hauptfahrwerk und somit das Flugzeug von der Startbahn abhebt.

Weblinks

- 737-Spezifikationen von Boeing (PDF) [1] (7,55 MB)
- Daten der Boeing 737-700 [2]
- 747-Spezifikationen von Boeing (PDF) [3] (2,37 MB)
- Rechtliche Regelungen zu Startlauf und Startabbruch [4]
- Flugunfallbericht [5] der Bundesstelle für Flugunfalluntersuchung über Probleme beim Startlauf (PDF; 325 kB)

References

[1] http://www.boeing.com/commercial/airports/acaps/737sec3.pdf
[2] http://www.flugrevue.de/de/boeing-737-700.8476.htm
[3] http://www.boeing.com/commercial/airports/acaps/7474sec3.pdf
[4] http://bundesrecht.juris.de/luftbodv_1/__43.html
[5] http://www.bfu-web.de/nn_41544/DE/Publikationen/Untersuchungsberichte/2001/Bericht__5X003-0.01,templateId=raw,property=publicationFile.pdf/Bericht_5X003-0.pdf

Landung

Der Ausdruck **Landung** (Verb: „landen"; Wortursprung: das Schiff kommt an Land) bezeichnet das Aufsetzen eines Raum-, Luft- oder Wasserfahrzeuges auf dem Boden oder auf einer dafür vorgesehenen Landestelle. Die Landung ist ein Flugmanöver im aus dem Sinkflug eingeleiteten Landeanflug.

Landung einer Grumman A-6 auf einem Flugzeugträger

Landung eines Raumfahrzeugs

In der Raumfahrt unterscheidet man zwischen „harter" und „weicher" Landung.

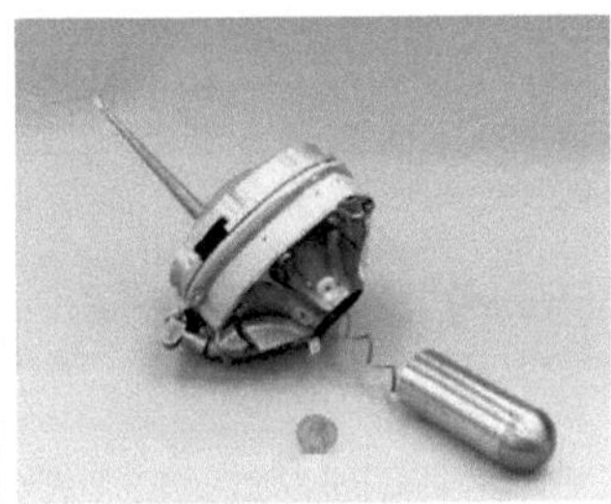

Penetrator von Deep Space 2

Harte Landung

Als **harte Landung** bezeichnet man den ungebremsten Aufprall eines Flugkörpers (Mond- oder Planetensonde) auf der festen Oberfläche eines Himmelskörpers. In der Regel wird der Flugkörper dabei zerstört und kann nur während der Abstiegsphase Daten liefern. Penetratoren, die auch eine harte Landung mit nachfolgendem Eindringen in den Himmelskörper funktionsfähig überstehen, befinden sich in Entwicklung, erste Tests verliefen erfolglos.

Bei den ersten Mondsonden der USA und der UdSSR war mehrmals eine harte Landung am Erdtrabanten geplant, doch stattdessen kam es nur zu einem Vorbeiflug. Die Genauigkeit beim Start (Endgeschwindigkeit und Richtung der obersten Raketenstufe) war noch nicht ausreichend und reichte für das Treffen des Mondes auf der notwendigen gekrümmten Bahn nicht aus.

Das Ziel harter Landungen war unter anderem:

- Propagandaerfolg (insbesondere seitens der Sowjetunion im Kalten Krieg)
- Weiterentwicklung der Technik und der Bahnmanöver
- erste Erkundung von Himmelskörpern (z.B. Nahaufnahmen von Ranger 7 bis 9)
- Erforschung ihrer Atmosphären und Magnetfelder
- Impaktoren und Vorbereitung von späteren sanften Landungen
- ab den 1990ern unvollständige Bremsung bzw. atmosphärische Bremsung
- Absetzen eines Penetrators auf einem Kleinplaneten oder Kometen.

Weiche Landung

Bei der **weichen Landung** wird die Sonde oder ihr spezielles Landegerät vor dem Aufprall abgebremst bzw. beim Aufprall selbst (z.B. durch eine aufblasbare Hülle) geschützt. Zum Abbremsen werden Bremsraketen oder bei vorhandener Atmosphäre Fallschirme benutzt. Der Flugkörper bleibt intakt und kann auf der Oberfläche des Himmelskörpers Aufgaben erfüllen. Deshalb ist die weiche Landung heute die bevorzugte Variante. Auf der Venus wurde bei Landern wegen der dichten Atmosphäre oft der Fallschirm schon in großer Höhe abgeworfen und der Lander schlug nur gebremst durch den Luftwiderstand mit ca. 30 km/h auf der Oberfläche auf. Somit kann eine Weiche Landung für unsere Verhältnisse auch sehr hart sein.

Luftsäcke für die weiche Landung eines Marsrovers

Bei auf die Erde zurückkehrenden Flugkörpern unterscheidet man zwischen einer Landung auf dem Festland und einer Wasserung.

Landung eines Luftfahrzeugs

Als Landung bezeichnet man die Flugphasen vom Beginn des Landeanflugs bis zum Stillstand oder langsamen Rollen. Während dieser Flugphase, die je nach Flughöhe etwa 2 bis 10 Minuten dauert, muss die Gesamtenergie (kinetische + potentielle Energie), die das Luftfahrzeug zu Beginn des Landeanflugs besitzt, gezielt abgebaut werden. Dazu muss bereits in der Luft durch Erhöhung des Widerstands (Wölbungs-, Landeklappen etc.) soviel Energie (Geschwindigkeit) abgebaut werden, wie es die sichere Führung des Flugzeugs erlaubt. Dadurch – und durch die Landung gegen den Wind – wird die Aufsetzgeschwindigkeit reduziert, die zwischen etwa 50 km/h (Segelflug) und 300 km/h (Linienflug) liegt. Die Restenergie muss am Boden abgebaut werden.

Eine Boeing 747-200 der Atlas Air bei der Landung. Unter dem Hauptfahrwerk verwirbelt das abradierte Gummi der Reifen

Die Landung eines Flugzeugs setzt sich aus den Phasen *Anflug*, *Abfangen*, *Ausschweben*, *Aufsetzen* und *Ausrollen* zusammen.

Während des *Landeanflugs* wird die Geschwindigkeit auf die sichere Anfluggeschwindigkeit reduziert. Diese muss eine ausreichende Reserve zur Überziehgeschwindigkeit haben. Als optimale Anfluggeschwindigkeit gilt bei Motorflugzeugen die Überziehgeschwindigkeit mal Faktor 1,3. Diese Geschwindigkeit nennt man Referenzgeschwindigkeit (V_{REF}). Dazu addiert wird je nach Flugzeugtyp die halbe oder ein Drittel der Windgeschwindigkeit und eventuelle Windböen. Die Geschwindigkeit darf aber nicht höher sein als die maximale Geschwindigkeit für ausgefahrene Landeklappen (V_{FE} – Flaps Extended) und ausgefahrenes Fahrwerk (V_{LE} – Landing Gear Extended). Diese Geschwindigkeit nennt man Zielgeschwindigkeit (V_{TRG} – Target Speed oder V_{APP} – Approach Speed). In der Verkehrsluftfahrt werden diese Geschwindigkeiten vor jedem Landeanflug in der sogenannten Anflugbesprechung festgelegt, da die Überziehgeschwindigkeit gewichtsabhängig ist und immer aktuell bestimmt werden muss. Bei Leichtflugzeugen wird der Referenzgeschwindigkeit gegebenenfalls eine Sicherheitsreserve addiert, beispielsweise im Falle von

Eine Boeing 747-400 der JAL beim Aufsetzen des Hauptfahrwerks von hinten gesehen. Hinter dem Flugzeug verwirbelt der Rauch des abradierten Gummis der Reifen

starkem Wind. Bei Segelflugzeugen ist die Landegeschwindigkeit die Geschwindigkeit des besten Gleitens (V_Y) plus 10 % (bei Gegenwind oder Turbulenzen plus 20 %). Da bei Segelflugzeugen kein Durchstarten möglich ist, dient die erhöhte Geschwindigkeit als Sicherheitsreserve.

Während Leichtflugzeuge meist mit dem Triebwerk im Leerlauf landen, wird dies bei größeren Maschinen nicht angewendet. Die Ursache liegt in der für die Landung zu guten Gleitzahl der Maschinen und der damit einhergehenden Schwierigkeit, Geschwindigkeit abzubauen. Die Gefahr des Überschwebens wäre zu groß. Aus diesem Grund greift man zu einem Trick: In den höheren Stufen der Hochauftriebshilfen (Landeklappen) erzeugen diese nicht nur erhöhten Auftrieb, sondern beabsichtigterweise auch einen hohen Luftwiderstand. Der Gleitwinkel von üblicherweise 3° kann dann nur noch durch die Gabe von zusätzlichem Schub eingehalten werden. Die Geschwindigkeit kann nun durch die Kombination von Schub und Trimmung sehr effektiv beeinflusst und konstant gehalten werden. Ein weiterer Vorteil bei Jets ist der Umstand, dass im Falle eines Durchstartmanövers die Beschleunigungszeit des Triebwerks signifikant reduziert wird. Bei den meisten Maschinen liegt der Landeschub bei etwa 45–65 % N1. Beim Einleiten des Abfangbogens wird der Schub in der Regel auf Leerlauf zurückgefahren.

Unter dem *Abfangen* (Round Out, Break) versteht man den Übergang (Abfangbogen) aus dem Anflug (Sinkflug) in einen parallelen Flug entlang dem Boden.

Im anschließenden *Ausschweben* wird bei Leichtflugzeugen die Fluggeschwindigkeit allmählich reduziert, und das Flugzeug setzt mit Mindestfahrt auf. Mit abnehmender Fluggeschwindigkeit wird der Auftrieb durch Erhöhung des Anstellwinkels erhöht. Da sich dadurch auch der Widerstand an den Flügeln vergrößert, muss mit abnehmender Fahrt der Anstellwinkel schneller vergrößert werden.

Ein Verkehrsflugzeug wird mit der Anfluggeschwindigkeit V_{APP} angeflogen. Nach Passieren der Landeschwelle in 50 Fuß Höhe wird in einer vom Flugzeugtyp abhängigen Abfanghöhe mit einer leichten Erhöhung des Anstellwinkels (*Break*) die Sinkrate reduziert und das Flugzeug setzt aus dem *Flare* mit der aus dem Break resultierenden *Pitch* (Neigung der Flugzeuglängsachse) auf.

Für das Aufsetzen auf dem Wasser gibt es uneinheitliche Empfehlungen.

Je größer die Überziehgeschwindigkeit des Flugzeugs, desto höher ist entsprechend die Aufsetzgeschwindigkeit und somit auch die Restenergie, welche am Boden abgebaut werden muss.

Davon abhängig ist die benötigte *Landerollstrecke* (Strecke vom Aufsetzpunkt bis zum Stillstand). Um diese zu verkürzen, werden bei Großflugzeugen üppig dimensionierte und gekühlte Bremsen eingesetzt. Der aerodynamische Widerstand der ausgefahrenen Landeklappen bleibt dabei weiter wirksam. Um zu verhindern, dass das Flugzeug aufgrund des hohen Auftriebsbeiwerts (durch den Klappenausschlag) erneut kurz abhebt (Sprunglandung), werden sofort beim Aufsetzen die sogenannten Spoiler aktiviert, um den Auftrieb zu zerstören und den Widerstand noch weiter zu erhöhen. Bei Verkehrsflugzeugen werden die Spoiler durch eine komplizierte Logik angesteuert, die je nach Flugzeugtyp unterschiedliche Bedingungen prüft. Zusätzlich besteht bei vielen Propeller- und Strahltriebwerken die Möglichkeit, durch Schubumkehr die Bremswirkung zu erhöhen. Eher selten werden stattdessen Bremsschirme verwendet.

Bei der Landung eines Militärflugzeuges auf einem Flugzeugträger gibt es kein Abfangen und kein Ausschweben. Der Anflug endet am Aufsetzpunkt und geht direkt in das Ausrollen über. Ein Fangseil, in das sich der Fanghaken des Trägerflugzeuges einhakt, entzieht dem Flugzeug seine kinetische Energie. Aufgrund der Massenträgheit erfahren Flugzeug und Pilot bei dem abrupten Abbremsmanöver eine enorme Bremsbeschleunigung.

Eine Landung kann (außer bei Segelflugzeugen) in nahezu jeder Phase abgebrochen werden. Man spricht dann vom Durchstarten (Go-Around). Auch nach dem Aufsetzen während des Ausrollens kann noch durchgestartet werden, so lange noch kein Umkehrschub aktiviert ist (wenn vorhanden). Als Flugmanöver spricht man dann vom Aufsetzen und Durchstarten (Touch-and-Go). Bei der Landung auf einem Flugzeugträger wird kurz vor dem Aufsetzen das Triebwerk auf volle Leistung gebracht, um bei einem eventuell notwendigen Durchstartmanöver die Zeit zu verkürzen, bis das Triebwerk reagiert und die volle Leistung abgibt. Greift der Fanghaken ein Fangseil, wird das

Flugzeug abgebremst, und der Pilot drosselt sofort die Triebwerke. Ein Landeversuch, bei dem das Fangseil verpasst wird und ein Durchstarten notwendig ist, wird *Bolter* (Niete) genannt.

Bei hohen Anfluggeschwindigkeiten kann die Landestrecke (Strecke vom Beginn des Abfangens bis zum Aufsetzen) erheblich größer sein als die Landerollstrecke. Dies hängt nicht nur von der Geschwindigkeit, sondern auch vom Gewicht und dem Wind ab. Piloten, die mit sehr kleinen Landeflächen auskommen müssen (Buschpiloten), wenden besondere Kurzlandetechniken an. In der Regel bedeutet das eine Reduzierung der Referenzgeschwindigkeit bis knapp über die Mindestfahrt. Eine Unachtsamkeit im Landeanflug bedeutet starkes Durchsacken und im schlimmsten Fall Abkippen über eine der beiden Tragflächen. Kurzlandungen erfordern hohe Konzentration und nicht zu unsteten Wind.

Ein Tandemfallschirmspringer mit einem Flächenfallschirm bei dem Landeanflug

Verkehrsflugzeuge werden nach einer Standardlandetechnik gelandet, die immer einen Punkt 1.000 Fuß hinter der Landeschwelle anpeilt.

Für Starts und Landungen aller Luftsportgeräte und Luftfahrzeuge besteht in Deutschland Flugplatzpflicht mit Ausnahme von Freiballonen. Für Segelflugzeuge ist eine Außenlandegenehmigung grundsätzlich erteilt.

Ausweichlandung

Hauptartikel: Ausweichflugplatz

Eine Ausweichlandung ist die normale Landung eines Luftfahrzeugs, die nicht am Zielflughafen durchgeführt wird, sondern am Ausweichflugplatz. Gründe dafür können eine kurzfristige Sperrung des Zielflughafens oder eine Wetterverschlechterung sein. Für den Fall einer eventuellen Ausweichlandung muss für alle Flüge, gleich ob privat oder kommerziell, eine Treibstoffreserve mitgeführt werden, die der normalen Flugstrecke vom Zielflughafen zum Ausweichflughafen +30 Minuten entspricht. Die Ausweichlandung ist nur selten eine Notlandung, welche eine Luftnotlage während des Flugs voraussetzt.

Außenlandung

Von einer Außenlandung spricht man generell immer dann, wenn die Bodenberührung eines landenden Flugzeuges oder Fallschirmspringers nicht auf einer genehmigten Landebahn (bzw. dem Landeplatz) oder außerhalb der verfügbaren Landestrecken eines in Betrieb befindlichen Flugplatzes erfolgt, sondern beispielsweise im Außengelände, auf einer Straße oder auf einem geschlossenen Flugplatz.

Segelflugzeug nach einer Außenlandung

Beim Fallschirmspringen sind meist widrige Windbedingungen dafür verantwortlich, dass das Zielfeld nicht erreicht werden kann; dort gibt es andererseits auch geplante Außenladungen, die allerdings im Voraus angemeldet sein müssen.

Beim Segelflug sind Außenlandungen nicht ungewöhnlich, da Segelflugzeuge als Antriebsenergie nur ihre Höhe nutzen können, die sie in der Regel über Aufwinde erreichen. Findet ein Segelflugzeug in geringer Höhe abseits eines Flugplatzes keinen Aufwind mehr, muss es außenlanden und wird später mit einem Fahrzeug abgeholt. Dies wird in der Berichterstattung oftmals unzutreffend als Notlandung bezeichnet.

Sicherheitslandung

Eine Sicherheitslandung liegt vor, wenn der Pilot sich für eine Landung entscheidet, um eine drohende Notlage zu vermeiden, die zum Zeitpunkt dieser Entscheidung aber noch nicht gegeben ist. Der Pilot hat also genügend Zeit, um zu einem geeigneten Flugplatz zu fliegen oder ein geeignetes Gelände für eine Außenlandung zu suchen.

Gründe für eine Sicherheitslandung können sein:

- Unerwartete Wettererscheinungen, die ein Weiterfliegen bzw. Umkehren unmöglich machen[1] [2]
- Instrumentenausfall
- Ungewohntes Verhalten des Triebwerks (aber noch kein Triebwerksausfall)
- Während des Fluges wird festgestellt, dass der Treibstoff nicht mehr bis zum nächsten Flugplatz reicht[1]
- Während eines Sichtflugs ohne Nachtflugberechtigung wird festgestellt, dass der nächste Flugplatz nicht mehr vor Einbruch der Dunkelheit erreicht werden kann [1]
- Ausfall eines Triebwerks bei mehrmotorigen Maschinen
- Krankheitsfall ohne akute Lebensgefahr
- Unwohlsein eines Piloten
- Am Boden befinden sich Personen, die sich in großer Gefahr befinden und Hilfe benötigen[2] [1]

Eine Sicherheitslandung darf nicht behindert werden. Eine Zustimmung der Luftfahrtbehörden für einen Wiederstart ist explizit nicht notwendig. Der Eigentümer des Grundstücks, auf dem gelandet wurde, darf den Wiederstart nicht behindern. Der Pilot hat gegenüber dem Grundstückseigentümer jedoch eine Auskunftspflicht (Angaben zum Halter und Versicherungsnachweis gem. § 25 LuftVG).

Notlandung

Von einer Notlandung spricht man dann, wenn während eines Flugs eine Notlage auftritt. Gründe dafür können sein:

- Feuer an Bord
- schwere oder nicht einzuordnende Mängel oder Beschädigungen am Flugzeug, die während des Flugs festgestellt werden
- akuter Treibstoffmangel[1]
- Unwetter und Turbulenzen
- schwere Triebwerksprobleme
- Ausfall aller Triebwerke
- Akut lebensgefährliche Erkrankung oder Verletzung eines Passagiers oder Besatzungsmitglieds
- Unwohlsein beider Piloten

Notlandung (Notwasserung) von US-Airways-Flug 1549 am 15. Januar 2009 im Hudson.

Die Notlandung erfolgt im besten Fall auf einem Flugplatz, häufiger auf freiem Gelände (Außenlandung) oder als Notwasserung auf Wasserflächen. Sie wird manchmal durch umfangreiche Maßnahmen des Rettungsdienstes am Boden begleitet. Nach einer Notlandung ist (im Gegensatz zur Sicherheitslandung) ein Wiederstart nur nach Genehmigung durch die zuständige Landesluftfahrtbehörde zulässig, § 25 Abs. 2 Nr. 2 Satz 2 LuftVG.

Eine besondere Art der Notlandung stellt die „medizinische Notlandung“ dar. Verschlechtert sich während des Transports eines Patienten mit einem Rettungshubschrauber sein Zustand erheblich, muss der Hubschrauber eventuell zwischenlanden, um eine bessere Behandlung zu ermöglichen. Der Wiederstart bedarf in diesem Fall keiner Genehmigung.

Ziellandung

Eine Ziellandung ist eine Landung ohne Motorleistung (also im Gleitflug) aus festgelegter Höhe (meist 2000 ft über Grund) auf ein festgelegtes Landefeld. Es ist eine gute Übung für Außen- und Notlandungen, wird in der Prüfung zum Luftfahrzeugführer verlangt und auch danach von Piloten gern zu Übungszwecken durchgeführt. Dabei wird vor allem die Einschätzung und Einteilung der zur Verfügung stehenden Höhe für einen Gleitflug geübt: Die Flugroute muss nach Gefühl so gewählt werden, dass sie genau am festgelegten Aufsetzpunkt endet.

In der Prüfung zum Luftfahrzeugführer muss die Ziellandung innerhalb eines festgelegten 150m-Bereichs der Landebahn erfolgen.

Bauchlandung

Eine Bauchlandung ist eine Landung mit eingefahrenem Fahrwerk, welche zur erheblichen Beschädigung der Flugzeugunterseite führen kann. Sie kann bei beschädigtem Fahrwerk oder defekter Fahrwerksbetätigung durchgeführt werden.

Q400 nach einer „Bauchlandung", weil sich das Bugfahrwerk nicht ausfahren ließ.

Erfahrungsgemäß kommt es bei Segelflugzeugen immer wieder zu Landungen ohne Fahrwerk, weil der Pilot vergessen hat, das Fahrwerk auszufahren. Meist kommt es dabei nur zu geringen Beschädigungen, wenn auf einer Graspiste gelandet wird, auf einer Asphaltpiste hingegen sind die Schäden immens. Viele Segelflugzeuge verfügen daher über eine Warneinrichtung („Fahrwerkswarnung"), die den Piloten durch ein akustisches Signal warnt, wenn die Bremsklappen (die fast ausschließlich zur Landung verwendet werden) betätigt werden, das Fahrwerk aber noch eingefahren ist. Werden die Bremsklappen erst spät während des Landeanflugs benutzt, besteht allerdings die Gefahr, dass der Pilot sich bei dem Versuch, das Fahrwerk in geringer Höhe noch auszufahren, nicht ausreichend auf die Landung konzentriert und dadurch einen Schaden verursacht, der wesentlich größer ist als derjenige, der durch eine Bauchlandung verursacht worden wäre. Daher verzichten einige Piloten bzw. Vereine bewusst auf eine Fahrwerkswarnung.

Zwischenlandung

Eine Zwischenlandung ist ein temporärer Aufenthalt zwischen einem Ausgangs- und einem Zielflughafen. Sie dient entweder zum Umsteigen der Flugpassagiere, zum Umladen von Frachtgut oder zum Auftanken von Treibstoff. Manche Fluggesellschaften unterbrechen ihre Flüge regelmäßig, um kostengünstig Kerosin zu tanken.

Lange Landung

Aus verkehrstechnischen Gründen wünschen manchmal der Pilot oder die Flugsicherung eine lange Landung (engl. *long landing*). Das ist das Aufsetzen weit hinter dem offiziell vorgesehenen Aufsetzpunkt. Voraussetzung dafür ist eine ausreichend lange Landebahn. Natürlich verringert das bei Zwischenfällen die Sicherheit, da die Toleranz vergrößert wird. In der Verkehrsfliegerei wird immer in der definierten Landezone gelandet. Bei Bedarf kann aber das Ausrollen durch sparsamen Einsatz von Bremsen gestreckt werden.

Die verkehrstechnischen Gründe für eine lange Landung können sein:

- schnelleres Erreichen der Abzweigung für den Abrollweg
- Verkürzung der Rollstrecke bis zum Terminal und damit Zeit- und Treibstoffeinsparung
- schnelleres Freimachen des Mittelteils der Landebahn, die von anderen Flugzeugen gekreuzt werden soll
- Überfliegung von Wirbelschleppen, die ein zuvor gelandetes Flugzeug erzeugt hat

Seitenwindlandung

Hauptartikel: Seitenwindlandung

Bei Seitenwindlandungen muss der Pilot die Ausrichtung zur Landebahn und das Verbleiben auf der Landebahngrundlinie gegen die seitliche Abdrift durch den Wind beibehalten. Seitenwindlandungen stellen generell höhere Ansprüche an das Geschick des Piloten als Landungen ohne wesentlichen Seitenwind.

Dreipunktlandung

Die Dreipunktlandung ist eine Landetechnik für Spornradflugzeuge. Dabei wird angestrebt, mit allen drei Rädern gleichzeitig auf dem Boden aufzusetzen. Der Vorteil dieser Landetechnik liegt darin, dass aufgrund des hohen Anstellwinkels (Flugzeugnase ist aufwärts gerichtet) mit möglichst niedriger Geschwindigkeit aufgesetzt wird und die Ausrollstrecke daher sehr kurz ist.

Die heute üblicheren *Bugradflugzeuge* setzen mit dem Hauptfahrwerk zuerst auf. Bei Spornradflugzeugen spricht man dann von einer *Radlandung*, die bei starkem Seitenwind Vorteile bietet.

Landung eines Wasserfahrzeugs

Als Landung eines Wasserfahrzeugs bezeichnet man das Anlegen eines Wasserfahrzeuges am Ufer, Hafen oder einer sonstigen für die Landung vorgesehen Stelle (Landungsbrücke, Landungssteg), sowie das dort stattfindende Abladen von Passagieren und Ladung.

Landevorbereitung für militärische Luftkissenfahrzeuge

Siehe auch

- Seitengleitflug
- Landevorrichtung bei Hubschraubern
- Start- und Landebetrieb auf einem Flugzeugträger
- Wasserung
- Landungsboot
- Fliegersprache
- Start (Luftfahrt)

Einzelnachweise

[1] Deutsche Flugsicherung: *Fragenkatalog PPL*, Stand 2009

[2] Niels Klußmann, Arnim Malik: *Lexikon der Luftfahrt*. Springer, Berlin 2007, ISBN 978-3-540-49095-1

Weblinks

- Luftverkehrsgesetz (http://bundesrecht.juris.de/bundesrecht/luftvg/index.html) in Deutschland
- Verschiedene Landetechniken mit einem Spornradflugzeug (Taildragger) von www.aviator.at (http://www.aviator.at/mainwheel_landing.htm)

Rollbahn

Mit **Rollbahn**, auch **Rollweg** (engl. *taxiway*), werden in der Luftfahrt Verbindungswege zwischen Start- und Landebahnen (engl. *runway*) und dem Vorfeld eines Flugplatzes bezeichnet. Gemeinsam mit den Start- und Landebahnen bilden die Rollbahnen das Rollfeld (manoeuvring area).

zwei kreuzende Start- und Landebahnen (dunkelgrau) mit angrenzenden Rollbahnen (blau)

Merkmale der Rollbahnen

Rollbahnen werden gewöhnlich, aber nicht überall durch gelbe Linien gekennzeichnet. Die Mitte von Rollbahnen wird durch eine durchgezogene gelbe Linie, die Ränder durch eine doppelte gelbe Linie markiert (siehe auch Markierungen von Rollwegen und Rollgassen).

Eine Dash 8 auf einer Rollbahn

Taxiway-Zeichen

Die Rollbahnen tragen eine alphanumerische Identifikation. Meistens werden sie nur mit Buchstaben bezeichnet, manchmal – insbesondere auf großen Flugplätzen mit zahlreichen Rollbahnen – tragen Rollbahnen aber auch Buchstaben-Zahlen-Kombinationen. Die Beschilderung entlang der Rollbahnen besteht aus gelben Zeichen auf schwarzem Grund. Bei einigen Flugplätzen sind die Rollbahnen auch durch große auf die Bahn gemalte Buchstaben beschriftet. Auf kleineren Flugplätzen fehlt häufig die Markierung der Rollbahnen ganz, oder es gibt gar keine festgelegten Rollbahnen, sondern nur eine große Wiese als Rollfeld.

Unterscheidung zu Rollgassen

Im Vergleich zu Rollbahnen sind **Rollgassen** (engl. *taxilanes*) Wege, die nur der Zurollung zu einer Abstellposition dienen. Rollbahnen müssen zu anderen Objekten einen größeren Sicherheitsabstand haben als Rollgassen und haben daher einen größeren Platzbedarf. Wären die Wege zu Abstellpositionen ebenfalls als Rollbahnen klassifiziert, dann wäre der Platzbedarf größer und die Gesamtkapazität des Flugplatzes reduziert. Rollgassen finden auf einem Flugplatz nur auf dem Vorfeld Verwendung.

Befeuerung

Nachts sind Rollbahnen im Gegensatz zu Start- und Landebahnen, die weiß beleuchtet sind, zur besseren Erkennbarkeit beiderseits mit blauen Lichtern gekennzeichnet. Auf den meisten größeren Flugplätzen lässt sich die Intensität der Runway- und Taxiway-Befeuerung auf Pilotenanforderung verändern.

blaue Rollbahn-Befeuerung

Man unterscheidet:

- **TWYL**: Rollbahnbefeuerung (*taxiway lights*)
- **TXE**: blaue Randfeuer (*taxiway edge*)
- **TXC**: grüne Mittellinienfeuer (*taxiway centerline*)

Rollbahnrandfeuer sind rundstrahlende Feuer in Ober- oder Unterflurbauweise. Rollbahnmittellinienfeuer hingegen sind gerichtete Feuer in Unterflurbauweise. Unterflurfeuer können von Luftfahrzeugen überrollt werden. Rollwege, die im Bereich der Schutzzonen des GP oder LLZ liegen, haben eine codierte Rollbahnmittellinienbefeuerung (grün/gelb). Grundsätzlich ist so zu rollen, dass das Bugrad des Flugzeuges genau auf dieser Mittellinie entlang rollt. Nur so ist die erforderliche Hindernisfreiheit gegeben.

Sicherheitsmaßnahmen

Für das Bewegen der Flugzeuge auf den Rollbahnen eines kontrollierten Flugplatzes brauchen Piloten eine Freigabe, die zuvor (z. B. bei der Rollkontrolle) angefordert werden muss. Diese Freigabe ist auch für jegliche andere Fahrzeuge (beispielsweise Räumfahrzeuge und Marshaller) notwendig.

Auf vielbeflogenen Flugplätzen erlauben *rapid-exit taxiways* bzw. *high-speed turnoffs* (deutsch: *Schnellabrollwege*) die *Runway* mit einer höheren Geschwindigkeit zu verlassen. Hierdurch ist die Start- und Landebahn schneller wieder frei, was eine höhere Staffelungsfrequenz erlaubt.

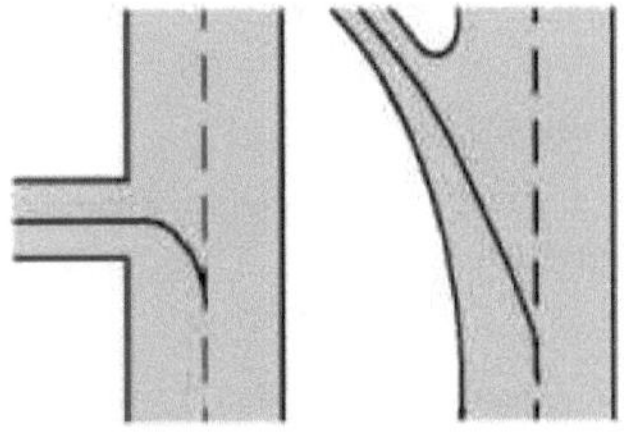

Runwayabgänge: Rechts ein Schnellabrollweg

Zur Erhöhung der Sicherheit während des Rollens eines Flugzeuges verfügen manche Flughäfen (im Bereich der DFS – Stand 1999 – Hamburg, Hannover, Tegel, Schönefeld, Leipzig/Halle, Düsseldorf, Köln/Bonn, Frankfurt, Nürnberg, Stuttgart, München) über ein *Bodenradar* (SMR, *Surface Movement Radar* oder ASDE, *Airport Surface Detection Equipment*).

Auch für Rollwege als Bestandteil der Flugbetriebsflächen gilt, dass sie im Winter schnee- und durch Flächenenteisung auch eisfrei gehalten werden müssen.

Enhanced Taxiway Centerline

An 70 großen US-Flugplätzen ist die (verbesserte) Enhanced Taxiway Centerline geplant. Dabei wird auf den letzten 150 Fuß (~46 m) vor einem Rollhalteort (Runway Holding Position) zusätzlich zur durchgezogenen normalen Taxiway Centerline jeweils eine gestrichelte Linie rechts und links daneben aufgezeichnet.

Literatur

- Bachmann, Faber, Senftleben: *Gefahrenhandbuch für Piloten.* Motorbuch Verlag, Stuttgart 1981, ISBN 3-87943-656-8.
- Dieter Franzen: *Kompaktlernprogramm zur Vorbereitung auf die Flugfunksprechprüfung.* 6. Auflage. AZF, 1991.
- Jeppesen Sanderson: *Privat Pilot Manual.* 2001, ISBN 0-88487-238-6.
- Wolfgang Kühr: *Luftrecht.* In: *Der Privatflugzeugführer.* Bd. 5., 1983, ISBN 3-921-270-13-8.

Bremse

Bremsen dienen zur Verringerung bzw. Begrenzung der Geschwindigkeit von bewegten Maschinenteilen oder Fahrzeugen. Sie funktionieren meistens durch die Umwandlung der zugeführten Bewegungsenergie über Reibung in Wärmeenergie. Fahrzeuge im Sinne der StVO müssen in Deutschland ein Zweikreisbremssystem besitzen. Bremsen sind als Maschinenelement eng mit Kupplungen verwandt, die Bremse ist eine spezielle Kupplung, bei der eine Seite feststeht. Insofern lassen sich viele Bremsentypen aus Kupplungen ableiten.

Pkw-Scheibenbremse (Porsche)

Die in Fahrzeugen weitaus am häufigsten verwendeten Bremsenarten sind die Scheibenbremse und die Trommelbremse, eine weiterentwickelte Form der Klotzbremse. Meist wird eine Bremse zur Verringerung der Umdrehungsgeschwindigkeit von rotierenden Teilen verwendet. Aber viele der angeführten Prinzipien kann man auch zur Verminderung einer linearen Bewegung verwenden, wenn sich auch die Bauweisen etwas unterscheiden.

Zum Teil wird auch die Art der Betätigung der Bremse zur Kategorisierung verwendet. Jedoch sagt beispielsweise die Bezeichnung Druckluftbremse, Hydraulikbremse oder Seilzugbremse nichts über die Bauform aus, sondern gibt nur Art der Kraftübertragung auf die mechanischen Stellelemente an.

Bremsleistung

Die Bremsleistung ist von der Bremskraft und der Augenblicksgeschwindigkeit abhängig und wird vollständig in Wärme umgewandelt.

mit

Bremsleistung in Watt

tangentiale Bremskraft am Reibkörper der Bremse in Newton

Geschwindigkeit zwischen den Reibkörpern in

Physikalisch wird mit einer Bremse die kinetische Energie () einer sich um die Geschwindigkeitsdifferenz () abgebremsten (oder verzögerten) physikalischen Masse (*m*) in Wärmeenergie umgewandelt Zu beachten ist, dass die Geschwindigkeit quadratisch in die Berechnung eingeht:

In Folge der spezifische Wärmekapazität der Bremse heizt diese kontinuierlich auf. Kühlend wirkt die Wärmestrahlung nach dem Stefan-Boltzmann-Gesetz, der Wärmekonvektion durch Fahrtwind oder Gebläse mit veränderlichen Wärmeübergangskoeffizient und der Wärmeleitung durch die Verbindungselemente (Konduktion).

Eine Beispielrechnung zu Erwärmung einer Scheibenbremse enthält der Hauptartikel Bremsscheibe.

Mechanische Bremsen

Alle mechanischen Bremsen sind Schleifbremsen und beruhen darauf, eine Bewegung durch Reibung zwischen einem festen und dem bewegten Körper abzubauen.

Vorderradtrommelbremse eines Motorrades

Kratzbremse

Seit den frühesten Tagen ist das Prinzip der Kratzbremse bekannt. Ein Hebel ist so an einem Fahrzeug befestigt oder eingeklemmt, dass das (möglichst) kürzere Stück zum Boden und das längere Stück zum Bediener zeigt. Durch Anziehen des Bremshebels wird das kurze untere Ende über Hebelwirkung in den Untergrund gedrückt und bremst so das Fahrzeug ab. Diese Technik war lange Zeit verbreitet und kommt auch heute noch zur Anwendung, z.B. bei Schlitten, Sportgeräten oder Kinderfahrzeugen.

Hemmschuh

Der Hemmschuh stellt eine primitive Form der Klotzbremse dar.

Klotzbremse

Klotzbremse mit neuem Bremsklotz an einer historischen Postkutsche

Die überwiegende Anzahl aller im 20. Jahrhundert verwendeten Bremsen bei Landfahrzeugen lässt sich dem Prinzip der Klotzbremse zuordnen. Spindelbremsen an historischen Kutschen haben beispielsweise Bremsklötze aus Lindenholz.

Backenbremse

Die Backenbremse ist eine mechanische Bremse, bei der ein drehender Zylinder von außen durch angedrückte Bremsbeläge gebremst wird.

Trommelbremse

Die Trommelbremse verfügt über ein zylinderförmiges umlaufendes Gehäuse (Trommel), an das beim Bremsen innen oder außen liegende, feststehende Bremsbacken gepresst werden. Die Betätigung der Bremsbacken erfolgt meist über Hydraulikzylinder innerhalb der Trommel oder über sich drehende Exzenterbolzen von außen. Je nach Konstruktion werden weitere Bauformen unterschieden.

Scheibenbremse

Die Scheibenbremse weist eine auf der Welle mitlaufende Bremsscheibe auf, an die die Bremsbeläge beidseitig gepresst werden. Solche Bremsen findet man heute bei allen gängigen Fahrzeugen wie Pkw, Motorrädern, Fahrrädern und auch an Zügen.

Keilbremse

Bei der elektronisch geregelten Keilbremse (Bauform der Scheibenbremse) schiebt ein kleiner Elektromotor einen Bremsbelag mit keilförmigem Rückenprofil zwischen Bremsbacken und Bremsscheibe.

Bei der konventionellen Keilbremse (eingesetzt bei Pferdekutschen) rammt der Kutscher einen Keil zwischen Rad und Radkasten.

Magnetschienenbremse

Bei Magnetschienenbremsen wird ein Bremsklotz durch Magnetkraft auf die Schiene gepresst, auf der das Fahrzeug fährt.

Bandbremse

Die Bandbremse ist ebenfalls eine mechanische Bremse, bei der aber im Gegensatz zur Backenbremse ein Band um eine Trommel geschlungen wird.

Fliehkraftbremse

Fliehkraftbremsen dienen in der Regel nicht direkt einer starken Verringerung der Umdrehungszahl, sondern der Begrenzung derselben. Sie funktionieren nach demselben Prinzip wie Fliehkraftkupplungen. Eine übliche Anwendung ist die Begrenzung der Rückdrehgeschwindigkeit bei Wählscheibentelefonen, der sogenannte Nummernschalter.

Gleisbremse

Gleisbremsen sind im Gleiskörper, beispielsweise auf Rangierbahnhöfen eingebaut.

Elektromagnetische Bremsen

- **Wirbelstrombremse** – Sie nutzt den Wirbelstrom-Effekt. Bei ihr wird ein elektrisch leitfähiges Material (meist eine Metallscheibe) durch ein Magnetfeld bewegt. Dabei werden in dem Material elektrische Wirbelströme induziert. Diese erzeugen ihrerseits ein Magnetfeld, das dem erzeugenden Drehmoment entgegenwirkt. Die Scheibe wird dadurch abgebremst.
- **Elektromotorische Bremse** – der Antriebsmotor wird beim Abbremsen als Generator verwendet.
  Bei modernen Generatorbremsen wird die gewonnene Energie zurück in das Stromnetz (Schienenfahrzeuge und Oberleitungsbusse) beziehungsweise einen Energiespeicher (Elektroautos) gespeist. Dieser Vorgang wird auch Rekuperation genannt.
  - **Widerstandsbremse** – der vom Generator erzeugte Strom wird über elektrische Widerstände in Wärme umgewandelt.

- **Lamellenbremse** – Sie ist eine verschleißfreie Vollscheibenbremse. Sie besteht aus mehreren Scheiben (mindestens zwei, eine sich drehende und eine feststehende) die hintereinander auf einer Achse liegen und drehfest mit dem festen bzw. dem rotierenden Teil verbunden sind.
- **Magnetpulverbremse** – durch Anlegen eines Magnetfelds mit Hilfe einer Spule wird ein magnetisches Pulver an das zu bremsende bewegliche Teil gedrückt und versteift, wodurch eine Bremswirkung entsteht.

Strömungsbremsen, Fluidbremsen

- Ein Retarder nutzt die Viskosität einer Flüssigkeit (Öl), um die Drehbewegung einer Welle zu verlangsamen. Der Retarder arbeitet verschleißfrei und wird deswegen oft als Dauerbremse in Lkws oder Bussen eingesetzt. Bei letzteren auch, weil er in seiner Verzögerungsleistung nahezu stufenfrei, also ruckfrei geregelt werden kann.
- Bei Hochgeschwindigkeitsfahrzeugen, insbesondere der Luft- und Raumfahrt, werden Bremsschirme und Bremsklappen verwendet, um den Luftwiderstand zu erhöhen und die Geschwindigkeit zu verringern. Beim Mercedes-Benz SLR McLaren oder Bugatti Veyron 16.4 z. B. wird bei einer starken Verzögerung der Heckspoiler um 65 Grad angestellt um durch einen Wirbel eine Erhöhung des C_w-Wertes und so eine bessere Verzögerung und einen höheren Heckanpressdruck (und damit erhöhte Bremsleistung der Hinterräder) zu erreichen (siehe auch Luftbremse).
- Beispiel für eine Luftbremse ist auch der *Windfang* in Schlagwerken von Räderuhren.
- Wasserwirbelbremsen gehören zu den Leistungsbremsen für stationäre Prüfeinrichtungen, wie z. B. Motorprüfstände. Sie dienen dem Abbremsen eines Prüflings (Verbrennungsmotor, Elektromotor oder anderer Antriebe).
- Schleppanker oder Schleppleinen verringern die Geschwindigkeit von Booten bzw. Schiffen in rauer See oder bei Notfällen

Gegentrieb-Bremse

Bei bestimmten Bahnfahrzeugen (zum Beispiel Dampflokomotiven mit Riggenbach-Gegendruckbremse), Flugzeugen und Schiffen wird zum Bremsen der Antrieb in die Gegenrichtung geschaltet oder umgelenkt. Bei Luftfahrtzeugen wird dies als Schubumkehr bezeichnet. Auch bei Booten und Schiffen wird das Prinzip der Schubumkehr zum Abbremsen benutzt.

Bremsen nach Anwendung

- Auflaufbremse
- Automatische Bremse
- Bremse (Eisenbahn)
- Bremse (Kraftfahrzeug)
- Dauerbremse
- Fahrradbremse
- Feststellbremse
- Haltestellenbremse

Weblinks

Fachlexikon Bremsen [1]

References

[1] http://www.at-rs.de/bremsen_fachlexikon.html

Flugzeugreifen

Flugzeugreifen sind die Gummireifen am Fahrwerk eines Flugzeugs. Die Flugzeugreifen werden während der Landung sehr starken Kräften ausgesetzt. Sie müssen im Moment des Aufsetzens sehr schnell auf die Landegeschwindigkeit beschleunigt werden. Dabei erhitzen sie sich schlagartig und es kommt zu starkem Abrieb von Gummi auf der Landebahn. Diese Erhitzung bedeutet eine hohe Brandgefahr, weshalb die Reifen mit Stickstoff gefüllt sind (siehe unten).

Flugzeugreifen am Hauptfahrwerk einer Boeing 747

Technik

Flugzeugreifen sind meist schlauchlos. Ihr Profil besteht lediglich aus Längsrillen, die bei Regen Wasser zur Vermeidung von Aquaplaning ableiten sollen und den Verschleiß anzeigen. In das Reifengummi ist Gewebe eingearbeitet, damit die Lauffläche nicht durch die bei hohen Geschwindigkeiten entstehenden Fliehkräfte zerstört wird. Anders als beim Autoreifen ist die Sichtbarkeit von Gewebe daher kein sicheres Zeichen für übermäßigen Verschleiß, zudem werden Flugzeugreifen aus Kostengründen grundsätzlich regelmäßig runderneuert.

Landebahn mit deutlich erkennbarem Reifenabrieb am Aufsetzpunkt

Verschleiß

Flugzeugreifen, oder auch Flugzeugräder (Reifen und Felge) genannt, werden für die Landung nicht durch Antrieb in Rotation versetzt. Es kommt wegen der abrupten Beschleunigung beim Kontakt mit der Landebahn zu starkem Gummiabrieb. Der Reifenverschleiß beim Startlauf ist jedoch höher, weil das Flugzeug beim Start viel schwerer ist als bei der Landung.

Radwechsel beim Flugzeug

Füllung

Hauptartikel: Reifengas Die Reifen sind aus Gründen des Brandschutzes mit Stickstoff befüllt. Insbesondere bei Notbremsungen (Startabbruch, Landung mit hohem Gewicht) werden die in der Felge angebrachten Bremsen extrem heiß. Der entstehende Überdruck im Reifen wird durch spezielle temperaturabhängige Schmelzventile abgeblasen und kühlt die glühenden Bremsen. Eine Luftfüllung würde einen Brand dagegen eher anfachen. Da normale Luft wegen der Luftfeuchtigkeit etwas Wasser enthält, würde dieses in großer Höhe, bei Temperaturen bis zu -56 °C gefrieren. Dagegen gefriert Stickstoff unter normalem Druck erst bei -196 °C und in großer Flughöhe bei -173 °C.

Die FAA fordert seit 1990 die Verwendung von Stickstoff, da einige Fälle aufgetreten waren, in denen sich durch äußere Hitzeeinwirkung verdampfte Reifenbestandteile mit der Luftfüllung der Reifen selbst entzündeten.[1]

Die Verwendung von Stickstoff verlängert auch den Lebenszyklus der Flugzeugreifen, da es wegen des fehlenden Sauerstoffs im Reifeninneren nicht zu Rostbildung kommen kann.

Bremsklötze an einem Flugzeugreifen (wheel chocks)

Bauformen und Bezeichnungen

Flugzeugräder werden in der Fachsprache *Wheels*, die Hauptfahrwerksreifen *Main Wheels* und die Bugfahrwerkräder *Nose Wheels*, genannt. Die meist größeren Räder des Hauptfahrwerkes sind knapp hinter dem Schwerpunkt des Fluggerätes angeordnet. Sie tragen den größten Teil des Flugzeuggewichts, an ihren Radachsen befinden sich die Flugzeugbremsen. Beim Bugfahrwerk sind die Reifendimensionen kleiner, da hier nur ein kleiner Teil des Flugzeuggewichtes abgestützt wird und deswegen auch in der Regel keine Radbremsen vorhanden sind.

Maximale Reifengeschwindigkeit

Die maximale Fahrgeschwindigkeit der Flugzeugreifen (engl. *maximum tire speed*) kann in besonderen Fällen ein limitierender Faktor sein.

Bei Landungen ohne ausgefahrene Landeklappen (engl. *flaps up landing*; z. B. wegen Defekten an den Klappen), kann die Landegeschwindigkeit gefährlich nahe an die *maximum tire speed* kommen.

Ebenso kann das Starten bei großer Dichtehöhe (engl. *high density altitude take-off*; z. B. Start von hoch gelegenen Flugplätzten - Flughafen La Paz 13325 Fuß) eine gefährlich hohe Startgeschwindigkeit erforderlich sein, die an das Limit der maximal zulässigen Reifengeschwindigkeit heranreicht.

Beispiele für Maximale Reifengeschwindigkeit:

- Cessna Citation Citation I/SP (Modell 501) - 165 Knoten
- CRJ - 182 Knoten
- A320 - 195 Knoten

Sonstiges

Der Reifenverschleiß wird regelmäßig geprüft. Vor jedem Start gehen der Kapitän oder Copilot generell um das Flugzeug und begutachten den Zustand der Reifen und Bremsen. Bei täglicher Wartung am Flugzeug entscheidet vor allem der Techniker, ob der Reifen verschlissen oder beschädigt ist und ggf. präventiv auszuwechseln ist.

Flugzeugreifen werden runderneuert, was nicht bedeutet, dass die Reifen minderwertig sind, da es sich um einen sehr aufwendigen und technisch sorgfältigen Prozess handelt. Die Lauffläche wird abgehobelt, und die verbleibende Karkasse, das Grundgerüst des Reifens, einer sorgfältigen Kontrolle durch Sichtprüfung und Röntgen unterzogen. Durch Vulkanisation wird eine neue Lauffläche aufgebracht. Diese ist dann je nach Belastung und Bodenbeschaffenheit für bis zu ca. 40–60 Landungen haltbar. Wenn das Rad gewechselt wird, kommt es in die Reifenwerkstatt, wo der Reifen und die beiden Felgenhälften demontiert werden. Der Reifen wird dem Reifenhersteller zugeschickt, die Felgenhälften werden meist in den Reifenwerkstätten der Fluglinien oder

Wartungsbetriebe gewaschen, überprüft und mit neuen Reifen montiert.

Siehe auch

- Landung
- Fahrwerk (Flugzeug)

Weblinks

- FAQ-Nr. 16 bei www.flugingenieur.de Wie ist das mit den Reifen? *Wie ist das denn nun in der Fliegerei?... mit den Reifen?* [2]

Einzelnachweise

[1] FAA: *14 CFR Part 25* (http://rgl.faa.gov/Regulatory_and_Guidance_Library/rgNPRM.nsf/2ed8a85bb3dd48e68525644900598dfb/8c17569ad3ded4128625694a005bb65d!OpenDocument) [Docket No. 26147; Notice No. 90-7] RIN 2120-AD37: Use of Nitrogen or Other Inert Gas for Tire Inflation in Lieu of Air.

[2] http://www.flugingenieur.de/faq/faq_vom_autor.htm#16

Article Sources and Contributors

Fahrwerk_(Flugzeug) *Source*: http://de.wikipedia.org/w/index.php?title=Fahrwerk_%28Flugzeug%29 *Contributors*: *Tischkante*, 08-15, A.Savin, ADL, Aka, Alxndr4488, Avoided, Axel.Mauruszat, Bapho, Bildungsbürger, Birnbacs, Bunkerwart, CaMay, Cargopete, Carstenrun, Chip-wexler, Christian2003, CommonsDelinker, Csinus, D, D.W., Dejus, El Grafo, Elab, Ephraim33, Fliegermann, FlugTurboFan, Grand-Duc, Grassto, Hadhuey, Helfmann, ILA-boy, Inhiber, Jahobr, Jodoform, JuTa, Julian Herzog, Kogo, Kolossos, LW.Sikarna, LabFox, Lukian, MKrings, MichiK, Myself488, Nobart, Nothere, Ost38, Quezon95, RosarioVanTulpe, Stahlkocher, Tafkas, Thomas Willerich, Tigerstift, Tobiasrad, Trg, Uwe W., Wessmann.clp, WikiJourney, Wolfgang1018, Wruedt, XZise, Y2kbug, Zabia, 40 anonymous edits

Antonow_A-9 *Source*: http://de.wikipedia.org/w/index.php?title=Antonow_A-9 *Contributors*: Alfred Nobel, Asdert, Billyhill, Carstenrun, Coronado, Denniss, Hadhuey, Srbauer, Stahlkocher

Erstflug *Source*: http://de.wikipedia.org/w/index.php?title=Erstflug *Contributors*: Adomnan, Anathema, BLueFiSH.as, Balz, Bergfalke2, Bierdimpfl, Carstenrun, Cuno.1, El Grafo, FotoFux, Grimmi59 rade, Gurumaker, Hadhuey, Hansele, Kolja21, Spotty, Stefan Kühn, Studmult, Tiefflieger, Ulrich.fuchs, Wikiabg, 3 anonymous edits

Schulterdecker *Source*: http://de.wikipedia.org/w/index.php?title=Schulterdecker *Contributors*: Billyhill, Carlos500, Carstenrun, Ciciban, Cspan64, Dem Zwickelbert sei Frau, Dergrav, Dobby1397, El Grafo, Frankee 67, HerBert, HoHun, ILA-boy, Kahlfin, Kwer Wolf, Martinli, Nicolas Barbier, OecherAlemanne, PSS, Peterlustig, Priwo, Schaengel89, Siehe-auch-Löscher, Specializer, Stahlkocher, Umherirrender, Wessmann.clp, Wikifantexter, ¡0-8-15!, 11 anonymous edits

Segelflugzeug *Source*: http://de.wikipedia.org/w/index.php?title=Segelflugzeug *Contributors*: 217, A.Savin, APPER, Abubiju, Adiow, Aka, Akz, Alexander Wilkie, AndreasB, Anhi, Anneke Wolf, Arne Schwarz, Avoided, Baumstamm99, Bergfalke2, Björn Bornhöft, Candresen, Canthariz, Carstenrun, Chrisfrenzel, Complex, Crux, Diba, DrTestman, E.s.a, Eehmke, El Grafo, El., Ephraim33, Faxel, Federmappe, Florian Mösch, Flymut, Flyout, Fomafix, Fredfeuerstein, Geof, Gerold Broser, Groupsixty, Gurt, Gyroman, Hadhuey, Head, Heinovh, Highway, Holger I., Howwi, Hubertl, Hunding, Istandil, Itti, Jivee Blau, JoWi, Joeopitz, Joh3.16, Jonathan Hornung, JuergenL, Juesch, KaHe, Kam Solusar, Karl-Henner, Keimzelle, KonstantinGruendger, Koxxer, Krawi, L3nnox, LKD, LarsB, Lukian, MajorC, MarkusHagenlocher, Mk-stuff, Mschlindwein, Myself488, Ne discere cessa!, Neu1, Nockel12, NoiseD, Nolispanmo, OldJo, Orca, Oxymoron83, Palladium, Pc, Pendulin, Pessottino, Peter200, Rainer Bielefeld, Regi51, Rjh, Rubblesby, Ruru, SaroEngels, Schlurfi, SebastianWilken, Segelfliegerin, Semper, SimSys, Sinn, Skyblue, Solarwerner, Sonnewindundmeer, Spuk968, Stahlkocher, Stefan-kfd, Tafkas, Tarquin, Th123, Thornard, Till.niermann, Times, Tobias1983, Tsor, Tönjes, Ulz, Umweltschützen, VegaAtoo, VerwaisterArtikel, Vostei, Weißwange, Wessmann.clp, WiESi, Wikifantexter, Wikinaut, Wikipedia ce, Wo st 01, Wst, XJamRastafire, Überflieger89, 213 anonymous edits

Start-_und_Landebahn *Source*: http://de.wikipedia.org/w/index.php?title=Start-_und_Landebahn *Contributors*: 012maximus345, A-4-E, Abubiju, Aidschie, Aka, Albion, Alecconnell, AlexR, AndreasB, AndreasFahrrad, Arcturus, AssetBurned, Auszeit, Axel.Mauruszat, BSI, Bapho, Benzen, Bernd vdB, Bigbug21, Binningench1, Blogotron, Brazzy, Brummfuss, Carstenrun, CellarDoor85, Chris K, Chrisfrenzel, Cspan64, DaSch, Dabbelju, Deci, Der Messer, Diwas, Dnaber, DolphinBGG, Don Magnifico, Donner, Dr. Nachtigaller, Dreizung, El Grafo, Elbe1, Faxel, Feldkurat Katz, FelixReimann, Fentakyam, Fire, Florian Adler, Frankygth, Fredfeuerstein, Fristu, FritzG, Froik, Gecko78, Hadhuey, Head, Hecki, Herr-K, Hschaefer, Hubertl, Invisigoth67, Itu, J.e, JD, Jay-Jay Calli, JensBaitinger, Jkü, Joeopitz, Johanna72, Johnny Controletti, Jonas123, Jonesey, JuergenL, KaHe, Kandschwar, Karl-Henner, Kiesi, Kleinergecko, Komi$ch, Kreuzschnabel, Laufe42, Leshonai, Lpz1976, Lumu, MFM, MarkusHagenlocher, Matt1971, Mikullovci11, Mm aa ii kk, Mojitopt, Moros, Mufflon14480, Ncc-74630, Penarc, Pessottino, Philipp Wetzlar, Plattmaster, Puiztor, R.Schuster, Rainer Lippert, Regi51, Revontuli, Ri st, RokerHRO, RonaldH, RosarioVanTulpe, Roterraecher, Rotkaeppchen68, Ruru, Santababy3, Schewek, SchirmerPower, Schubbay, SiriusB, Stahlkocher, Steavor, Stefan Kühn, Suisui, Supermartl, Tasmdevi, Thalion77, ThiloSchulz, Three of Five, Tobiasrad, Trg, Trublu, UW, Ubahnfahrn, Uoa, Uwe W., Wessmann.clp, Whiskyecho, Wikiabg, Wikinator, WortUmBruch, Xelo, Xenosophy, Zaibatsu, Zeno Gantner, Ĝù, 93 anonymous edits

Flugzeug *Source*: http://de.wikipedia.org/w/index.php?title=Flugzeug *Contributors*: 08-15, 32X, 790, A.Ammersee, A.Savin, AF666, APPER, Abmeldenanmelden, Aglarech, Airwiki, Aka, Akrisios, Albion, Alexander.stohr, Alien4, Aloiswuest, AndreHuppertz, Andreas 06, AndreasB, AndreasE, Andrsvoss, Angr, Angry Snake, Anima, Anton, ApfelMulti, Arilou, Asdert, AssetBurned, Atomos, Avoided, AwOc, B.Borys, BS Thurner Hof, Bapho, Baumfreund-FFM, Ben-Zin, Bergfalke2, Bernd vdB, Bernd.Brincken, Bernhard55, Bib, Billyhill, Binningench1, Blunt., Bogart99, Bricktop1, CBeebop, CMEW, Captain Chaos, Carstenrun, Chaddy, Chile1853, Cirdan, Ckeen, Commander-pirx, CommonsDelinker, Complex, Conny, Conversion script, Coronado, Cottbus, Crux, César, D, DALIBRI, DLichti, DaB., Daniel B, Daniel Bräutigam, DarkScipio, Darkone, Dassler, Denniss, Der Wolf im Wald, Der.Traeumer, Dha, Diba, Dmb, Dr. Nachtigaller, Dreadn, Duden-Dödel, Duesi, Dulciamus, EBB, Eckhart Wörner, Eehmke, El Grafo, Elasto, Eloquant, Engie, Entlinkt, Ephraim33, EricPoehlsen, ErikDunsing, ErnstA, Erzwo, Eugen Ettelt, Euhepi, Euku, Eurostarter, Excalibur800, FDP., Factumquintus, Felix Stember, Felix der Große, FelixReimann, Feuerspiegel, Fischkopp, Flo12, Flominator, Florian Adler, Fluglotse2000, Flyout, FordPrfkt, FotoFux, Fristu, FritzG, Fubar, Fullhouse, GNosis, Gardini, GattoVerde, GenJack, Gerbil, Gfis, Gilliamjf, GiordanoBruno, Glenn, Glg, Gnu1742, Greenhouse-JPBerlin, Greenx, Grenzdebiler, Guandalug, Guffi, Gurt, Gurumaker, HH58, Hadhuey, HaeB, Hafenbar, Hans Koberger, Hans-J. Wendt, Hans-Peter Scholz, Hbquax, Head, Heiko, Heinte, Henning Ihmels, HenryV, Herbertweidner, Herr Fuchs, High Contrast, Hofres, Holger rogoll, Hubertl, Huste, ILA-boy, Icy2008, Igrimm12, Ilion, Inferno, Inkowik, Ireas, Isjc99, JARU, JOE, Jannes.Neumann, Jantar, JaynFM, Jaypee2, Jergen, Jmsanta, Jobu0101, Joeopitz, John Doe, JuTa, JuergenL, Juliana, Jón, Kaisersoft, Kalkühl, Kalti76, Kam Solusar, Karl-Henner, Katharina, Keimzelle, Kein Einstein, Kingruedi, Kino, Kku, Kolossos, Krawi, Krd, Kreuzschnabel, Krokofant, Kuhlo, Körnerbrötchen, Langes W, Leonach, LeonardoRob0t, Leslie Mateus, LoKiLeCh, Louie, Louis Bafrance, Lukian, M(e)ister Eiskalt, MR.Bean, MainFrame, Manecke, Martin-vogel, Matt1971, Matthäus Wander, Mazbln, Media lib, Meisfeller, Michael Kümmling, Michael Lenz, Michael32710, MichaelDiederich, MichaelHaeckel, Michail, Michail der Trunkene, Mikano, Mkill, Mnh, Mo1001, Molles, Moritz Mundhenke, Mr.McLeod, Mr.Snips, My name, Myself488, Nagy+, Netopyr, Nicolas G., Nikiwe, Nikkis, Nima96, Nixred, Nixtreff, Nolispanmo, Nothere, Ogottsch, Olei, Omit, Ot, Otto Normalverbraucher, Owly K, Paddy987654321, PeeCee, Peter200, PhJ, Philipendula, Philipp Lensing, Phrood, Phx, Phzh, Plattmaster, Pole111, Priwo, Prolineserver, Q'Alex, Quezon95, R.Schuster, RacoonyRE, Rainer Bielefeld, Rakell, Rasko, Rauhhaardackel01, Red Rooster, Regi51, Reinhard Kraasch, Reinicke74, Reptil, Revvar, Ri st, Riptor, Rivi, Roflcoptahz, RomanMLink, Roo1812, Rossen123, Rotewoelfin, Ruru, Röhrender Elch, S.Didam, STBR, Sa-se, Saehrimnir, Sallynase, San Andreas, Saperaud, Sascha Claus, Schlesinger, Schlurcher, Schnulli00, SchulzenPeter, Sebastianfunk, Sebsasse, Seewolf, Semon, Semper, Shoot the moon, Sicherlich, Sinn, Sir, Sir James, Sk Rapid Wien, SkipHH, Smartyo, Softeis, SonniWP, Southpark, Srbauer, Srittau, St.Krekeler, Stahlkocher, Stechlin, Stefan, Stefan Kühn, Stephan Brunker, Storchi, Störfix, TMg, Tafkas, Tarabichi man, TheK, ThePeter, ThomasMielke, Thommess, Thorbjoern, Thuringius, Ticketautomat, Tigerstift, Tilla, Tilman Harte, Tim Pritlove, Timothy Truckle, Tinz, To old, Tobi B., Tobias1983, Torsten Kühler, Triggerhappy, Tsor, Ttbya, Udo.bellack, UglyKidJoe, Ulfbastel, Ulle, Ulrich.fuchs, Ulrichb, Ulz, Umherirrender, Umweltschützen, Unjön, Usquam, Uwe W., Ventrue, VicVanWeitz, Vorrauslöscher, Voyager, W!B:, W.wolny, WAH, Wahldresdner, Wangen, Warp, Weißwange, Werner von Haupt, Wessmann.clp, Wiedemann, Wiki-Hypo, WikiNick, Wikifantexter, Wikinator, Wikinger08, Willy auf ein Flugzeug, Wisi, Witti, Wolf32at, Wst, Yellowcard, Zaibatsu, Zangala, Zaphiro, Zitronenpresse, Zollistdoll, Überflieger89, Ĝù, 410 anonymous edits

Stoßdämpfer *Source*: http://de.wikipedia.org/w/index.php?title=Sto%C3%9Fd%C3%A4mpfer *Contributors*: 800XL-Imp, A.Abdel-Rahim, Aconcagua, Afri, Aka, Armin P., Avoided, Baumfreund-FFM, BerndWeinland, Blaubahn, Christian Lindecke, Daniel3880, Dansker, DasBee, DerHexer, Diba, DirtyHarry, Emdee, FelixReimann, Fish-guts, Frila, Hadhuey, Harz4, Heinte, Herbertweidner, Howwi, Hydro, Hystrix, Inkowik, Invexis, Jabadal, Jbuechler, Jivee Blau, Joko86, KaHe, Kale, Katpatuka, Komischn, Leher, Limasign, Martin1978, Medic-M, Minotauros, Peter200, PeterZF, Philipp Wetzlar, Pittimann, Punxsutawney-phil, Quensen, Ralf Pfeifer, Revolus, Robb, RolandS, Schusch, Sigmundg, Sokoljan, Spuk968, Spurzem, Stardado, Stefan h, Stern, Trihun, Tsor, WikiPimpi, Wolfgang1018, Wruedt, Xqt, 70 anonymous edits

Startlauf *Source*: http://de.wikipedia.org/w/index.php?title=Startlauf *Contributors*: Bapho, Frankygth, Jerry Fischer, Slartibartfass, Swafnir, Trg, 2 anonymous edits

Landung *Source*: http://de.wikipedia.org/w/index.php?title=Landung *Contributors*: 08-15, A.Savin, AR79, Abe Lincoln, AchimP, Aka, Aloiswuest, Alpha320, AndreasB, Andy king50, Ar-ras, Bapho, Bergfalke2, Bigbug21, Bricker, Bukk, Caligulaminus, Carstenrun, Codewiz, Cosal, Criede, Cspan64, DCzoczek, Daniel 1992, Deffi, El Grafo, Fix 1998, Flugbuch, Fortress, Frankygth, Fubar, Gamba, Geof, Hecki, Helfmann, Hendric Stattmann, Henristosch, Herrick, Hubertl, Icecrush, Interruptman, Itu, JARU, Jahn Henne, Joeopitz, Jonathan Hornung, Jpkoester1, Jpp, Julian Herzog, Kaschkawalturist, Kleinjakob, Krawi, Kreuzschnabel, LimboDancer, Lotse, Matt1971, MichaV, Michael32710, Mili99, Nabla man, Neun-x, Nurgut, Peng, Pikarl, Pjt56, Quensen, Rainer Bielefeld, Ralf Roletschek, Ralf.Baechle, RosarioVanTulpe, Runghold, Ruru, Saehrimnir, Sicherlich, Sir James, Srvban, Stahlkocher, TagtraeumerFF, TheK, ThiloSchulz, Thomas Funke, Tobias1983, Trg, Triggerhappy, Tschäfer, Universaldilettant, Uwe W., Varina, WikiPimpi, Wikiabg, Wikinger08, Wikiroe, Wst, Zaibatsu, Zumbo, 88 anonymous edits

Rollbahn *Source*: http://de.wikipedia.org/w/index.php?title=Rollbahn *Contributors*: AHZ, Aka, AssetBurned, B.Borys, BLueFiSH.as, Bapho, BenZin, Bigbug21, Blogotron, Cnagl, El Grafo, Ew-h2002, FlugTurboFan, Frankygth, Hadhuey, Heinovh, Heinte, Henry99, Huste, JoBa2282, Joeopitz, Karl-Henner, KommX, Lightbringer, Martin1978, Nameless, Roterraecher, Steffen, Succu, Sunbreaker, Tiroinmundam, W!B:, Wessmann.clp, Wikiabg, Zaibatsu, Zaungast, 28 anonymous edits

Bremse *Source*: http://de.wikipedia.org/w/index.php?title=Bremse *Contributors*: -jha-, 1-1111, A.Savin, ADK, Adrian Lange, Aka, Analemma, Andreas 06, Armin P., Avron, Ben-Zin, Bergfalke2, BerndWeinland, BesondereUmstaende, Bigbug21, Bobo11, Caligulaminus, Captain Crunch, Carsten Meyer, Cepheiden, Cointel, Cologinux, Complex, Concept1, Conny, Conversion script, D, Daniel 1992, Darkdoom, David Sallaberger, Diba, El., Elian, Ensign Joe, Ephraim33, Euphoriceyes, FAEP, FK1954, Firobuz, Flacus, Flokru, Frau Holle, Fristu, Fubar, Gerd Taddicken, Golle Motor, Gurt, Hadhuey, Harbuse, Heidebasche, Hitgamesman, Howwi, Humpyard, Hydro, Inkowik, Iste Praetor, Janschejbal, Jivee Blau, Jogo.obb, JvE, Kam Solusar, Karl Gruber, Kksen, Klapper, Klaus1234567890, Kopoltra, Linspire, LordGarth, Manfred Schultz, Marian.sigler, Markobr, Markus Schweiß, Martin Homuth-Rosemann, Martin von Wittich, Matt1971, Miaow Miaow, Michael-M, Minoo, Mkossick, Mxr, Myotis, Müdigkeit, Nachtgestalt, Nameless, Noding, Nordelch, Opa, Pamela, Peter200, Pittimann, Priwo, RJensch, Ralf Pfeifer, Ralf Roletschek, RazorGER, Rey54, Rikman, Romantiker, Roterraecher, S-Jordan, Saehrimnir, Sansculotte, Schumir, Schusch, Scooter, Sewaldo, Sinn, Snorky, Stahlkocher, SteMicha, Stefan Kühn, Stern, SuperFLoh, Suricata, Thomas Ihle, Thornard, Tminus7, TobiasHerp, Trg, Tsor, Tuxman, Tönjes, UW, Umweltschützen, Uwe Gille, WHell, Weiss Rdbl, Wiegels, Wnme, Wolfgang1018, Wollschaf, YolanC, Youandme, YourEyesOnly, Zaibatsu, 130 anonymous edits

Flugzeugreifen *Source*: http://de.wikipedia.org/w/index.php?title=Flugzeugreifen *Contributors*: AquariaNR, Bapho, Baumfreund-FFM, Bin im Garten, Carstenrun, Chemiewikibm, Cisk, El Grafo, Florian Adler, Flothi, Fpm, Gerrys, Hadhuey, Helium4, ILA-boy, Liliana-60, Matt1971, Pittimann, Roo1812, RosarioVanTulpe, Stefan Kühn, Trg, Uwe W., Vogelfrey, XenonX3, Zandreas, 26 anonymous edits

Image Sources, Licenses and Contributors

Datei:Underc.a330.arp.750pix.jpg *Source*: http://de.wikipedia.org/w/index.php?title=Datei:Underc.a330.arp.750pix.jpg *License*: unknown *Contributors*: Adrianpingstone, Denniss, Duesentrieb, Gomera-b, Grenavitar, MB-one, Mattes, My name, Paul Richter, Raymond, Stahlkocher, Wo st 01, 1 anonymous edits

Datei:Undercarriage.b747.arp.jpg *Source*: http://de.wikipedia.org/w/index.php?title=Datei:Undercarriage.b747.arp.jpg *License*: unknown *Contributors*: Arpingstone

Datei:ConventionalGear.png *Source*: http://de.wikipedia.org/w/index.php?title=Datei:ConventionalGear.png *License*: unknown *Contributors*: Benutzer:RosarioVanTulpe

Datei:TricycleGear.png *Source*: http://de.wikipedia.org/w/index.php?title=Datei:TricycleGear.png *License*: unknown *Contributors*: Benutzer:RosarioVanTulpe

Datei:TandemGear.png *Source*: http://de.wikipedia.org/w/index.php?title=Datei:TandemGear.png *License*: unknown *Contributors*: Benutzer:RosarioVanTulpe

Datei:Airforce Museum Berlin-Gatow 350.JPG *Source*: http://de.wikipedia.org/w/index.php?title=Datei:Airforce_Museum_Berlin-Gatow_350.JPG *License*: unknown *Contributors*: User:RosarioVanTulpe

Datei:Il-1.JPG *Source*: http://de.wikipedia.org/w/index.php?title=Datei:Il-1.JPG *License*: unknown *Contributors*: EugeneZelenko, Flyvende Banan, Qurqa, Schlacke-Heiner, Ustas

Datei:Douglas DC-2 Uiver.jpg *Source*: http://de.wikipedia.org/w/index.php?title=Datei:Douglas_DC-2_Uiver.jpg *License*: unknown *Contributors*: Denniss, MB-one, Stahlkocher, 1 anonymous edits

Datei:Antonov 2.jpg *Source*: http://de.wikipedia.org/w/index.php?title=Datei:Antonov_2.jpg *License*: unknown *Contributors*: Original uploader was Fab at de.wikipedia. Later version(s) were uploaded by Sir James at de.wikipedia.

Datei:Bugrad.jpg *Source*: http://de.wikipedia.org/w/index.php?title=Datei:Bugrad.jpg *License*: unknown *Contributors*: Benutzer:Stahlkocher

Datei:Jet_airliner's_tire_arrangement(6models).PNG *Source*: http://de.wikipedia.org/w/index.php?title=Datei:Jet_airliner's_tire_arrangement(6models).PNG *License*: unknown *Contributors*: User:Tosaka

Datei:Bugrad Boeing 737-300.jpg *Source*: http://de.wikipedia.org/w/index.php?title=Datei:Bugrad_Boeing_737-300.jpg *License*: unknown *Contributors*: Axel Mauruszat

Datei:Airbus A380 Fahrwerk.jpg *Source*: http://de.wikipedia.org/w/index.php?title=Datei:Airbus_A380_Fahrwerk.jpg *License*: unknown *Contributors*: Akrisios, Denniss, Docu, High Contrast, Mattes, Stifle, SuperFLoh, 3 anonymous edits

Datei:747-Gear.jpg *Source*: http://de.wikipedia.org/w/index.php?title=Datei:747-Gear.jpg *License*: unknown *Contributors*: Denniss, High Contrast, MB-one, Mattes, MichiK, My name, Raymond, 1 anonymous edits

Datei:C17.globemaster.arp.jpg *Source*: http://de.wikipedia.org/w/index.php?title=Datei:C17.globemaster.arp.jpg *License*: unknown *Contributors*: Arpingstone, MB-one, PMG

Datei:AN225down.jpg *Source*: http://de.wikipedia.org/w/index.php?title=Datei:AN225down.jpg *License*: unknown *Contributors*: Denniss, J o, MB-one, Mattes, Nockson, SPQRobin, Väsk, 1 anonymous edits

Datei:Lockheed C-5 Galaxy take off.jpg *Source*: http://de.wikipedia.org/w/index.php?title=Datei:Lockheed_C-5_Galaxy_take_off.jpg *License*: unknown *Contributors*: Bapho, Denniss, Mattes, Nobunaga24, Ori~, PMG, Uwe W., 1 anonymous edits

Datei:Boeing B-52H USAF 60-0059 front ETNG.jpg *Source*: http://de.wikipedia.org/w/index.php?title=Datei:Boeing_B-52H_USAF_60-0059_front_ETNG.jpg *License*: unknown *Contributors*: User:Arcturus

Datei:Hawker P. 1127 - NASA.jpg *Source*: http://de.wikipedia.org/w/index.php?title=Datei:Hawker_P._1127_-_NASA.jpg *License*: unknown *Contributors*: Bapho, FieldMarine, KGyST, Stahlkocher, Tangopaso, Ustas

Datei:U-2_Spy_Plane_With_Fictitious_NASA_Markings_-_GPN-2000-000112.jpg *Source*: http://de.wikipedia.org/w/index.php?title=Datei:U-2_Spy_Plane_With_Fictitious_NASA_Markings_-_GPN-2000-000112.jpg *License*: unknown *Contributors*: NASA

Datei:K21 glider.jpg *Source*: http://de.wikipedia.org/w/index.php?title=Datei:K21_glider.jpg *License*: unknown *Contributors*: Paul Haliday

Datei:Wasserflugzeug_01_KMJ.jpg *Source*: http://de.wikipedia.org/w/index.php?title=Datei:Wasserflugzeug_01_KMJ.jpg *License*: unknown *Contributors*: KMJ

Datei:Fairchild_C-119_mit_Raupenfahrwerk_wiki.jpg *Source*: http://de.wikipedia.org/w/index.php?title=Datei:Fairchild_C-119_mit_Raupenfahrwerk_wiki.jpg *License*: unknown *Contributors*: Akkakk, Stahlkocher, 2 anonymous edits

Datei:B52.inflight.arp.jpg *Source*: http://de.wikipedia.org/w/index.php?title=Datei:B52.inflight.arp.jpg *License*: unknown *Contributors*: Arpingstone, Mattes

Datei:Cessna 150C D-ENMW.jpg *Source*: http://de.wikipedia.org/w/index.php?title=Datei:Cessna_150C_D-ENMW.jpg *License*: unknown *Contributors*: User:Stahlkocher

Datei:Boeing B-52F takeoff. Note the AGM-28 Hound Dog missiles 061128-F-1234S-008.jpg *Source*: http://de.wikipedia.org/w/index.php?title=Datei:Boeing_B-52F_takeoff._Note_the_AGM-28_Hound_Dog_missiles_061128-F-1234S-008.jpg *License*: unknown *Contributors*: AlphaWiki, Balmung0731, Stahlkocher, 1 anonymous edits

Datei:Warten auf Start.JPG *Source*: http://de.wikipedia.org/w/index.php?title=Datei:Warten_auf_Start.JPG *License*: unknown *Contributors*: User:EDVK

Datei:DG1000 glider crop.jpg *Source*: http://de.wikipedia.org/w/index.php?title=Datei:DG1000_glider_crop.jpg *License*: unknown *Contributors*: Paul Hailday

Datei:Ventus 2cxM D-KCXM 05.jpg *Source*: http://de.wikipedia.org/w/index.php?title=Datei:Ventus_2cxM_D-KCXM_05.jpg *License*: unknown *Contributors*: User:El Grafo

Datei:Glider in flight.JPG *Source*: http://de.wikipedia.org/w/index.php?title=Datei:Glider_in_flight.JPG *License*: unknown *Contributors*: TMakovic

Datei:Lo100kamenheeren.JPG *Source*: http://de.wikipedia.org/w/index.php?title=Datei:Lo100kamenheeren.JPG *License*: unknown *Contributors*: John Groteloh

Datei:LSZH 001.jpg *Source*: http://de.wikipedia.org/w/index.php?title=Datei:LSZH_001.jpg *License*: unknown *Contributors*: Marc Michel

Datei:Pista Congonhas03.jpg *Source*: http://de.wikipedia.org/w/index.php?title=Datei:Pista_Congonhas03.jpg *License*: unknown *Contributors*: Valter Campanato/ABr

Datei:LKPR RWY31.jpg *Source*: http://de.wikipedia.org/w/index.php?title=Datei:LKPR_RWY31.jpg *License*: unknown *Contributors*: Ondřej Franěk, www.lkpr.info

Datei:Taxiways.svg *Source*: http://de.wikipedia.org/w/index.php?title=Datei:Taxiways.svg *License*: unknown *Contributors*: User:Steffen, User:Wessmann.clp

Datei:ULPlatzDoerzbach.jpg *Source*: http://de.wikipedia.org/w/index.php?title=Datei:ULPlatzDoerzbach.jpg *License*: unknown *Contributors*: http://www.ul-verein.de

Datei:RFDS emergency landing strip sign.jpg *Source*: http://de.wikipedia.org/w/index.php?title=Datei:RFDS_emergency_landing_strip_sign.jpg *License*: unknown *Contributors*: Original uploader was Hossen27 at en.wikipedia

Image:DCA airport map.PNG *Source*: http://de.wikipedia.org/w/index.php?title=Datei:DCA_airport_map.PNG *License*: unknown *Contributors*: AuburnPilot, Clindberg, Cmprince

Image:SFO map.png *Source*: http://de.wikipedia.org/w/index.php?title=Datei:SFO_map.png *License*: unknown *Contributors*: A&W, AuburnPilot, Fietsbel, Sam916, Siebrand, Tony Wills

Image:KBOS airport diagram 2011.svg *Source*: http://de.wikipedia.org/w/index.php?title=Datei:KBOS_airport_diagram_2011.svg *License*: unknown *Contributors*: El Grafo

Datei:Cvna1nim.gif *Source*: http://de.wikipedia.org/w/index.php?title=Datei:Cvna1nim.gif *License*: unknown *Contributors*: Anynobody, Benchill, Jahobr, Origamiemensch, Slaunger, 1 anonymous edits

Datei:ICAO Runway Designator 25 white on black.svg *Source*: http://de.wikipedia.org/w/index.php?title=Datei:ICAO_Runway_Designator_25_white_on_black.svg *License*: unknown *Contributors*: User:El Grafo, User:Tobiasrad

Datei:Lukla 2001 a.jpg *Source*: http://de.wikipedia.org/w/index.php?title=Datei:Lukla_2001_a.jpg *License*: unknown *Contributors*: User:kogo

Datei:Landebahn beschriftet cropped.svg *Source*: http://de.wikipedia.org/w/index.php?title=Datei:Landebahn_beschriftet_cropped.svg *License*: unknown *Contributors*: User:Tobiasrad

Datei:Befeuerung (HAM).jpg *Source*: http://de.wikipedia.org/w/index.php?title=Datei:Befeuerung_(HAM).jpg *License*: unknown *Contributors*: User:Hecki2

Datei:ORD airport map.PNG *Source*: http://de.wikipedia.org/w/index.php?title=Datei:ORD_airport_map.PNG *License*: unknown *Contributors*: AuburnPilot, Cmprince, Denelson83, Dual Freq, Fietsbel, Jalentz, Mahahahaneapneap, Mareklug, Spartan S58, Werneuchen

Datei:Cessna.f172g.g-bgmp.arp.jpg *Source*: http://de.wikipedia.org/w/index.php?title=Datei:Cessna.f172g.g-bgmp.arp.jpg *License*: unknown *Contributors*: User:Arpingstone

Datei:Air Berlin B737-700 Dreamliner D-ABBN.jpg *Source*: http://de.wikipedia.org/w/index.php?title=Datei:Air_Berlin_B737-700_Dreamliner_D-ABBN.jpg *License*: unknown *Contributors*: User:Arcturus

Datei:New York 2008.jpg *Source*: http://de.wikipedia.org/w/index.php?title=Datei:New_York_2008.jpg *License*: unknown *Contributors*: US-Army

Datei:Nano Hummingbird.jpg *Source*: http://de.wikipedia.org/w/index.php?title=Datei:Nano_Hummingbird.jpg *License*: unknown *Contributors*: DARPA

Datei:SFF 002-1055526 Fairey Rotodyne.jpg *Source*: http://de.wikipedia.org/w/index.php?title=Datei:SFF_002-1055526_Fairey_Rotodyne.jpg *License*: unknown *Contributors*: Johannes Thinesen

Datei:Atlantis STS-112 landing.jpg *Source*: http://de.wikipedia.org/w/index.php?title=Datei:Atlantis_STS-112_landing.jpg *License*: unknown *Contributors*: NASA

Datei:Aircraft wing flaps small dsc06830.jpg *Source*: http://de.wikipedia.org/w/index.php?title=Datei:Aircraft_wing_flaps_small_dsc06830.jpg *License*: unknown *Contributors*: User:David.Monniaux

Datei:B747 turbofan dsc04626.jpg *Source*: http://de.wikipedia.org/w/index.php?title=Datei:B747_turbofan_dsc04626.jpg *License*: unknown *Contributors*: User:David.Monniaux

Datei:Dornier Do 228 LGW D-ILKA Cockpit.jpg *Source*: http://de.wikipedia.org/w/index.php?title=Datei:Dornier_Do_228_LGW_D-ILKA_Cockpit.jpg *License*: unknown *Contributors*: Denniss, Gomera-b, Grzimek, KTo288, Mbdortmund, Stahlkocher, 1 anonymous edits

Datei:Fisher FP-202 Koala D-MKOA fuselage.jpg *Source*: http://de.wikipedia.org/w/index.php?title=Datei:Fisher_FP-202_Koala_D-MKOA_fuselage.jpg *License*: unknown *Contributors*: User:El Grafo

Datei:Fuselage Piper PA18.JPG *Source*: http://de.wikipedia.org/w/index.php?title=Datei:Fuselage_Piper_PA18.JPG *License*: unknown *Contributors*: Christoph von Blücher

Datei:FVK repair.JPG *Source*: http://de.wikipedia.org/w/index.php?title=Datei:FVK_repair.JPG *License*: unknown *Contributors*: Christph von Blücher

Datei:Kraeftegleichgewicht-Flugzeug.png *Source*: http://de.wikipedia.org/w/index.php?title=Datei:Kraeftegleichgewicht-Flugzeug.png *License*: unknown *Contributors*: AndreHuppertz, Denniss

Datei:Achsen-cessna2.svg *Source*: http://de.wikipedia.org/w/index.php?title=Datei:Achsen-cessna2.svg *License*: unknown *Contributors*: User:Andreas 06

Datei:Flugzeug-ruder3.png *Source*: http://de.wikipedia.org/w/index.php?title=Datei:Flugzeug-ruder3.png *License*: unknown *Contributors*: AndreHuppertz, Denniss

Datei:North American X-15.jpg *Source*: http://de.wikipedia.org/w/index.php?title=Datei:North_American_X-15.jpg *License*: unknown *Contributors*: Cooper.ch, Denniss, Maksim, PMG

Datei:Skymaxx.jpg *Source*: http://de.wikipedia.org/w/index.php?title=Datei:Skymaxx.jpg *License*: unknown *Contributors*: KTo288, Maksim, Stahlkocher, Zscout370, 2 anonymous edits

Datei:US Immigration and Customs Enforcement aircraft.jpg *Source*: http://de.wikipedia.org/w/index.php?title=Datei:US_Immigration_and_Customs_Enforcement_aircraft.jpg *License*: unknown *Contributors*: Bukk, Docu, Duffman, Gomera-b, MB-one, Mattes, Paul Richter, PeterWD, Petri Krohn, Raymond, Tangopaso, Timak, 1 anonymous edits

Datei:Airbus beluga beladung.jpg *Source*: http://de.wikipedia.org/w/index.php?title=Datei:Airbus_beluga_beladung.jpg *License*: unknown *Contributors*: Denniss, Gomera-b, KaTeznik, Kilom691

Datei:B-757 Frachter, DHL.jpg *Source*: http://de.wikipedia.org/w/index.php?title=Datei:B-757_Frachter,_DHL.jpg *License*: unknown *Contributors*: Stahlkocher

Datei:PBY Catalina airtanker.jpg *Source*: http://de.wikipedia.org/w/index.php?title=Datei:PBY_Catalina_airtanker.jpg *License*: unknown *Contributors*: English Wikipedia, original upload 31 July 2005 by Fernando Rizo

Datei:King Air 200 air ambulance.JPG *Source*: http://de.wikipedia.org/w/index.php?title=Datei:King_Air_200_air_ambulance.JPG *License*: unknown *Contributors*: Joshbaumgartner, KTo288, Kozuch, Makthorpe, PMG, Trevor MacInnis, Zwergelstern

Datei:Mikoyan mig29.jpg *Source*: http://de.wikipedia.org/w/index.php?title=Datei:Mikoyan_mig29.jpg *License*: unknown *Contributors*: Jo Mitchell

Datei:Boeing B-52 dropping bombs.jpg *Source*: http://de.wikipedia.org/w/index.php?title=Datei:Boeing_B-52_dropping_bombs.jpg *License*: unknown *Contributors*: USAF

Datei:Alouette ag1.JPG *Source*: http://de.wikipedia.org/w/index.php?title=Datei:Alouette_ag1.JPG *License*: unknown *Contributors*: Greatpatton, Sandstein

Datei:Usaf.f15.f16.kc135.750pix.jpg *Source*: http://de.wikipedia.org/w/index.php?title=Datei:Usaf.f15.f16.kc135.750pix.jpg *License*: unknown *Contributors*: Bapho, Benchill, Denniss, Joshbaumgartner, Nightscream, PMG, Timak, WonYong

Datei:PC7.JPG *Source*: http://de.wikipedia.org/w/index.php?title=Datei:PC7.JPG *License*: unknown *Contributors*: Factumquintus, KTo288, Maksim, Pibwl, Sandstein, Stahlkocher

Datei:C-160 Transall.jpg *Source*: http://de.wikipedia.org/w/index.php?title=Datei:C-160_Transall.jpg *License*: unknown *Contributors*: D.W., David Legrand, High Contrast, Umherirrender, 1 anonymous edits

Datei:Lockheed SR-71 Blackbird.jpg *Source*: http://de.wikipedia.org/w/index.php?title=Datei:Lockheed_SR-71_Blackbird.jpg *License*: unknown *Contributors*: USAF/Judson Brohmer

Datei:AH-64 dsc04577.jpg *Source*: http://de.wikipedia.org/w/index.php?title=Datei:AH-64_dsc04577.jpg *License*: unknown *Contributors*: User:David.Monniaux

Datei:McDONNELL DOUGLAS F-A-18 HORNET.png *Source*: http://de.wikipedia.org/w/index.php?title=Datei:McDONNELL_DOUGLAS_F-A-18_HORNET.png *License*: unknown *Contributors*: Cobatfor, Denniss, Makthorpe, Stahlkocher

Datei:Boeing B-52 STRATOFORTRESS.png *Source*: http://de.wikipedia.org/w/index.php?title=Datei:Boeing_B-52_STRATOFORTRESS.png *License*: unknown *Contributors*: El., Stahlkocher

Datei:Pitts-S1S-in-flight.jpg *Source*: http://de.wikipedia.org/w/index.php?title=Datei:Pitts-S1S-in-flight.jpg *License*: unknown *Contributors*: Joshbaumgartner, Kneiphof, Pittspilot, Überraschungsbilder, 1 anonymous edits

Datei:P-38 2.jpg *Source*: http://de.wikipedia.org/w/index.php?title=Datei:P-38_2.jpg *License*: unknown *Contributors*: BLueFiSH.as, Denniss, Makthorpe

Datei:P-82 Twin Mustang.jpg *Source*: http://de.wikipedia.org/w/index.php?title=Datei:P-82_Twin_Mustang.jpg *License*: unknown *Contributors*: Bukvoed, Emt147, GDK, Siebrand, Ustas, 2 anonymous edits

Datei:Blohm und Voss Bv141 rear.jpg *Source*: http://de.wikipedia.org/w/index.php?title=Datei:Blohm_und_Voss_Bv141_rear.jpg *License*: unknown *Contributors*: Chile1853, Liftarn, PMG, 2 anonymous edits

Datei:Gyroflug SC01 Speed-Canard Niederrhein vr.jpg *Source*: http://de.wikipedia.org/w/index.php?title=Datei:Gyroflug_SC01_Speed-Canard_Niederrhein_vr.jpg *License*: unknown *Contributors*: user:Stahlkocher

Datei:XB-35.jpg *Source*: http://de.wikipedia.org/w/index.php?title=Datei:XB-35.jpg *License*: unknown *Contributors*: Denniss, Infrogmation, Mattes, Ustas, 2 anonymous edits

Datei:3 lifting bodys.jpg *Source*: http://de.wikipedia.org/w/index.php?title=Datei:3_lifting_bodys.jpg *License*: unknown *Contributors*: NASA/DFRC

Datei:Fokkerdri.jpg *Source*: http://de.wikipedia.org/w/index.php?title=Datei:Fokkerdri.jpg *License*: unknown *Contributors*: Denniss, Marcelloo, Mattes, PMG, Pazuzu, Saupreiß, Softeis, Tkarcher (usurped)

Datei:Sunny Myx.jpg *Source*: http://de.wikipedia.org/w/index.php?title=Datei:Sunny_Myx.jpg *License*: unknown *Contributors*: Original uploader was Ogottsch at de.wikipedia (Original text : Oliver Gottschalk)

Datei:Wasserflugzeug 01 KMJ.jpg *Source*: http://de.wikipedia.org/w/index.php?title=Datei:Wasserflugzeug_01_KMJ.jpg *License*: unknown *Contributors*: KMJ

Datei:Martin model 130 China Clipper class passenger-carrying flying.jpg *Source*: http://de.wikipedia.org/w/index.php?title=Datei:Martin_model_130_China_Clipper_class_passenger-carrying_flying.jpg *License*: unknown *Contributors*: NACA

Datei:DWCL215.jpg *Source*: http://de.wikipedia.org/w/index.php?title=Datei:DWCL215.jpg *License*: unknown *Contributors*: Alexandru.rosu, Denniss, Duch.seb, Grenavitar, Makthorpe, My name, Pibwl, Stahlkocher

Datei:Do-27.JPG *Source*: http://de.wikipedia.org/w/index.php?title=Datei:Do-27.JPG *License*: unknown *Contributors*: Maksim, Marcelloo, PMG, 1 anonymous edits

Datei:X-22a onground bw.jpg *Source*: http://de.wikipedia.org/w/index.php?title=Datei:X-22a_onground_bw.jpg *License*: unknown *Contributors*: D.W., Denniss, Owly K, 1 anonymous edits

Datei:Lockheed XFV-1 on ground bw.jpg *Source*: http://de.wikipedia.org/w/index.php?title=Datei:Lockheed_XFV-1_on_ground_bw.jpg *License*: unknown *Contributors*: Cobatfor, Groumfy69, Owly K, Werneuchen

Datei:LUNA UAV.jpg *Source*: http://de.wikipedia.org/w/index.php?title=Datei:LUNA_UAV.jpg *License*: unknown *Contributors*: User:Owly K

Datei:Lilienthalgleiter modelle.jpg *Source*: http://de.wikipedia.org/w/index.php?title=Datei:Lilienthalgleiter_modelle.jpg *License*: unknown *Contributors*: Five-toed-sloth, MatthiasKabel, PeterWD, Stahlkocher, Tangopaso, Th123

Datei:Kitty-hawk.jpg *Source*: http://de.wikipedia.org/w/index.php?title=Datei:Kitty-hawk.jpg *License*: unknown *Contributors*: unknown

Datei:Junkers-f13.jpg *Source*: http://de.wikipedia.org/w/index.php?title=Datei:Junkers-f13.jpg *License*: unknown *Contributors*: Chalisimo5, Denniss, Guety, Henristosch, Marcelloo, Regenschirmwetter, Saupreiß

Datei:JU 52 3M.jpg *Source*: http://de.wikipedia.org/w/index.php?title=Datei:JU_52_3M.jpg *License*: unknown *Contributors*: Denniss, Jwnabd, MB-one, My name, PMG, Wo st 01

Datei:NC4nasagov.jpg *Source*: http://de.wikipedia.org/w/index.php?title=Datei:NC4nasagov.jpg *License*: unknown *Contributors*: Coyau, Infrogmation, JotaCartas, Martin H.

Datei:Alcock-Brown-Clifden.jpg *Source*: http://de.wikipedia.org/w/index.php?title=Datei:Alcock-Brown-Clifden.jpg *License*: unknown *Contributors*: (unkown)

Datei:Aircraft fieseler Storch D-EVDB Airfield Bonn-Hangelar 20090822.JPG *Source*: http://de.wikipedia.org/w/index.php?title=Datei:Aircraft_fieseler_Storch_D-EVDB_Airfield_Bonn-Hangelar_20090822.JPG *License*: unknown *Contributors*: User:Sir James

Datei:Boeing 307 Udvar Hazy.jpg *Source*: http://de.wikipedia.org/w/index.php?title=Datei:Boeing_307_Udvar_Hazy.jpg *License*: unknown *Contributors*: Denniss, Kneiphof, Pazuzu, Stahlkocher, 1 anonymous edits

Datei:Spitfire F XVIII SM845.jpg *Source*: http://de.wikipedia.org/w/index.php?title=Datei:Spitfire_F_XVIII_SM845.jpg *License*: unknown *Contributors*: User:kogo

Datei:Me109 G-6 D-FMBB 1.jpg *Source*: http://de.wikipedia.org/w/index.php?title=Datei:Me109_G-6_D-FMBB_1.jpg *License*: unknown *Contributors*: User:kogo

Datei:North American P-51 Mustang.jpg *Source*: http://de.wikipedia.org/w/index.php?title=Datei:North_American_P-51_Mustang.jpg *License*: unknown *Contributors*: Alno, Cobatfor, Denniss, Elkan76, Hal9001, Ironass, PMG, Stahlkocher, Xhienne, 1 anonymous edits

Datei:V1-20040830.jpg *Source*: http://de.wikipedia.org/w/index.php?title=Datei:V1-20040830.jpg *License*: unknown *Contributors*: User:Roby

Datei:Mitsubishi Zero-Yasukuni.jpg *Source*: http://de.wikipedia.org/w/index.php?title=Datei:Mitsubishi_Zero-Yasukuni.jpg *License*: unknown *Contributors*: Denniss, Eleml, Makthorpe, Morio, Opponent, Paul Richter, Rama

Datei:Me163a.jpg *Source*: http://de.wikipedia.org/w/index.php?title=Datei:Me163a.jpg *License*: unknown *Contributors*: Cobatfor, Marcelloo, RosarioVanTulpe, Rottweiler, ZH2010

Datei:Ohka7 USGOV.jpg *Source*: http://de.wikipedia.org/w/index.php?title=Datei:Ohka7_USGOV.jpg *License*: unknown *Contributors*: Denniss, Elkan76, Joshbaumgartner, Makthorpe, PMG, Stahlkocher

Datei:Enola Gay (plane).jpg *Source*: http://de.wikipedia.org/w/index.php?title=Datei:Enola_Gay_(plane).jpg *License*: unknown *Contributors*: Original uploader was Veinsworld at de.wikipedia (Original text : US Air Force)

Datei:Bell X-1.jpg *Source*: http://de.wikipedia.org/w/index.php?title=Datei:Bell_X-1.jpg *License*: unknown *Contributors*: NASA

Datei:P-80.jpg *Source*: http://de.wikipedia.org/w/index.php?title=Datei:P-80.jpg *License*: unknown *Contributors*: Denniss, PMG, Stahlkocher

Datei:North American F86-01.JPG *Source*: http://de.wikipedia.org/w/index.php?title=Datei:North_American_F86-01.JPG *License*: unknown *Contributors*: Cobatfor, Denniss, Klemen Kocjancic, Stan Shebs, 1 anonymous edits

Datei:DeHavilland Comet.jpg *Source*: http://de.wikipedia.org/w/index.php?title=Datei:DeHavilland_Comet.jpg *License*: unknown *Contributors*: Ardfern, Chesipiero, Denniss, Infrogmation, Maksim, Matt314, Rcbutcher, 1 anonymous edits

Datei:Boac.707.arp.750pix.jpg *Source*: http://de.wikipedia.org/w/index.php?title=Datei:Boac.707.arp.750pix.jpg *License*: unknown *Contributors*: Ardfern, Arpingstone, Denniss, MB-one, Mtaylor848, Ronaldino, Väsk, 1 anonymous edits

Datei:Pia.b747-367.ap-bfw.750pix.jpg *Source*: http://de.wikipedia.org/w/index.php?title=Datei:Pia.b747-367.ap-bfw.750pix.jpg *License*: unknown *Contributors*: Photographed by Adrian Pingstone

Datei:Aspect.ratio.b52.arp.jpg *Source*: http://de.wikipedia.org/w/index.php?title=Datei:Aspect.ratio.b52.arp.jpg *License*: unknown *Contributors*: U.S. Air Force photo by Senior Airman Sarah E. Shaw

Datei:B-58 Hustler.jpg *Source*: http://de.wikipedia.org/w/index.php?title=Datei:B-58_Hustler.jpg *License*: unknown *Contributors*: Denniss, Mikko Paananen, MilborneOne, PMG, Paul Richter, Stahlkocher

Datei:Tupolev Tu 95 USAF.jpg *Source*: http://de.wikipedia.org/w/index.php?title=Datei:Tupolev_Tu_95_USAF.jpg *License*: unknown *Contributors*: USAF

Datei:Aérospatiale SA-318 BW Alouette II.jpg *Source*: http://de.wikipedia.org/w/index.php?title=Datei:Aérospatiale_SA-318_BW_Alouette_II.jpg *License*: unknown *Contributors*: User:Stahlkocher

Datei:Usaf.u2.750pix.jpg *Source*: http://de.wikipedia.org/w/index.php?title=Datei:Usaf.u2.750pix.jpg *License*: unknown *Contributors*: Ktr101, Nyenyec

Datei:Jalbert-pat-draw.JPG *Source*: http://de.wikipedia.org/w/index.php?title=Datei:Jalbert-pat-draw.JPG *License*: unknown *Contributors*: JALBERT Weißwange at de.wikipedia

Datei:AV-8B Harrier II-.jpg *Source*: http://de.wikipedia.org/w/index.php?title=Datei:AV-8B_Harrier_II-.jpg *License*: unknown *Contributors*: BLueFiSH.as, Bapho, D.W., FieldMarine, Guety, KTo288, Makthorpe

Datei:Tupolew Tu 144 Sinsheim.JPG *Source*: http://de.wikipedia.org/w/index.php?title=Datei:Tupolew_Tu_144_Sinsheim.JPG *License*: unknown *Contributors*: User:Zwergelstern

Datei:US Air Force F-117 Nighthawk.jpg *Source*: http://de.wikipedia.org/w/index.php?title=Datei:US_Air_Force_F-117_Nighthawk.jpg *License*: unknown *Contributors*: D-Kuru, David Legrand, Denniss, Duesentrieb, Duffman, Jdforrester, Joshbaumgartner, Slomox, 2 anonymous edits

Datei:Spaceship One in flight 1.jpg *Source*: http://de.wikipedia.org/w/index.php?title=Datei:Spaceship_One_in_flight_1.jpg *License*: unknown *Contributors*: Chris 73, Dbenbenn, Denniss, Medium69, 1 anonymous edits

Datei:An-225 front day V1.jpg *Source*: http://de.wikipedia.org/w/index.php?title=Datei:An-225_front_day_V1.jpg *License*: unknown *Contributors*: User:Toutíorix

Bild:Giant planes comparison.svg *Source*: http://de.wikipedia.org/w/index.php?title=Datei:Giant_planes_comparison.svg *License*: unknown *Contributors*: User:Ctillier

Datei:Stoßdämpfer Konventionell.jpg *Source*: http://de.wikipedia.org/w/index.php?title=Datei:Stoßdämpfer_Konventionell.jpg *License*: unknown *Contributors*: Benutzer:Stahlkocher

File:Oil damper mov.gif *Source*: http://de.wikipedia.org/w/index.php?title=Datei:Oil_damper_mov.gif *License*: unknown *Contributors*: Kropsoq, Ma-Lik, TEy, Topory, Unixxx, WikipediaMaster

Datei:Funktionsprinzip stoßdämpfer.png *Source*: http://de.wikipedia.org/w/index.php?title=Datei:Funktionsprinzip_stoßdämpfer.png *License*: unknown *Contributors*: Benutzer:Invexis

Datei:Hydraulischer Stoßdämpfer (2008-06-28).jpg *Source*: http://de.wikipedia.org/w/index.php?title=Datei:Hydraulischer_Stoßdämpfer_(2008-06-28).jpg *License*: unknown *Contributors*: User:Spurzem

Datei:Reibungsstoßdämpfer (Mercedes-Benz SSKL).jpg *Source*: http://de.wikipedia.org/w/index.php?title=Datei:Reibungsstoßdämpfer_(Mercedes-Benz_SSKL).jpg *License*: unknown *Contributors*: User:Spurzem

Datei:A-6 Intruder.jpg *Source*: http://de.wikipedia.org/w/index.php?title=Datei:A-6_Intruder.jpg *License*: unknown *Contributors*: PH2c Alan Warner, USN; Transferred from de.wikipedia; Original uploader was Echoray at de.wikipedia, 2004-05-29 (original upload date)

Datei:DS-2 Components.jpg *Source*: http://de.wikipedia.org/w/index.php?title=Datei:DS-2_Components.jpg *License*: unknown *Contributors*: GDK, 1 anonymous edits

Datei:Airbags des rovers Spirit et Opportunity.jpg *Source*: http://de.wikipedia.org/w/index.php?title=Datei:Airbags_des_rovers_Spirit_et_Opportunity.jpg *License*: unknown *Contributors*: Foroa, Pixel ;-)

Datei:Atlas Air B742 N517MC.jpg *Source*: http://de.wikipedia.org/w/index.php?title=Datei:Atlas_Air_B742_N517MC.jpg *License*: unknown *Contributors*: Arsenikk, Bapho, Denniss, Gomera-b, Joshbaumgartner, JuergenL, Väsk, Wo st 01

Datei:JA8079-2008-05-27-YVR.jpg *Source*: http://de.wikipedia.org/w/index.php?title=Datei:JA8079-2008-05-27-YVR.jpg *License*: unknown *Contributors*: User:Makaristos

Datei:Gleitschirm.jpg *Source*: http://de.wikipedia.org/w/index.php?title=Datei:Gleitschirm.jpg *License*: unknown *Contributors*: Benutzer:Fab

Datei:Rolladen Schneider LS4 outlanding cropped .JPG *Source*: http://de.wikipedia.org/w/index.php?title=Datei:Rolladen_Schneider_LS4_outlanding_cropped_.JPG *License*: unknown *Contributors*: User:El Grafo

Datei:Plane crash into Hudson Rivercroped.jpg *Source*: http://de.wikipedia.org/w/index.php?title=Datei:Plane_crash_into_Hudson_Rivercroped.jpg *License*: unknown *Contributors*: Greg L

Datei:Dash 8 2007-3-13 Kochi Airport.jpg *Source*: http://de.wikipedia.org/w/index.php?title=Datei:Dash_8_2007-3-13_Kochi_Airport.jpg *License*: unknown *Contributors*: Matuo.kp

Datei:USMC LCACs coming in.jpg *Source*: http://de.wikipedia.org/w/index.php?title=Datei:USMC_LCACs_coming_in.jpg *License*: unknown *Contributors*: Avron, Bukvoed, Crux, FAEP, Harald Hansen, KTo288, Mattes

Datei:Bombardier Dash 8 taxiing at Toronto Island Airport.jpg *Source*: http://de.wikipedia.org/w/index.php?title=Datei:Bombardier_Dash_8_taxiing_at_Toronto_Island_Airport.jpg *License*: unknown *Contributors*: abdallahh

Datei:Taxiway sign cropped.jpg *Source*: http://de.wikipedia.org/w/index.php?title=Datei:Taxiway_sign_cropped.jpg *License*: unknown *Contributors*: User:El Grafo, User:Kimblad

Datei:Taxiway-light.jpg *Source*: http://de.wikipedia.org/w/index.php?title=Datei:Taxiway-light.jpg *License*: unknown *Contributors*: AssetBurned, Mareklug, Mattes

Datei:rapid_exit_taxiway.png *Source*: http://de.wikipedia.org/w/index.php?title=Datei:Rapid_exit_taxiway.png *License*: unknown *Contributors*: El Grafo, Wessmann.clp

Datei:Bremsanlage.jpg *Source*: http://de.wikipedia.org/w/index.php?title=Datei:Bremsanlage.jpg *License*: unknown *Contributors*: Amux, Collard, FAEP, Ferdinand Porsche, Ies, Kolossos, Saibo, Unixxx, 1 anonymous edits

Datei:Trommelbremse_NSU_OSL_251.jpg *Source*: http://de.wikipedia.org/w/index.php?title=Datei:Trommelbremse_NSU_OSL_251.jpg *License*: unknown *Contributors*: Benutzer:Stahlkocher

Datei:Klotzbremse an kutsche mit neuem bremsklotz.jpg *Source*: http://de.wikipedia.org/w/index.php?title=Datei:Klotzbremse_an_kutsche_mit_neuem_bremsklotz.jpg *License*: unknown *Contributors*: User:Thomas Springer

Bild:747-Gear.jpg *Source*: http://de.wikipedia.org/w/index.php?title=Datei:747-Gear.jpg *License*: unknown *Contributors*: Denniss, High Contrast, MB-one, Mattes, MichiK, My name, Raymond, 1 anonymous edits

Bild:LKPR RWY31.jpg *Source*: http://de.wikipedia.org/w/index.php?title=Datei:LKPR_RWY31.jpg *License*: unknown *Contributors*: Ondřej Franěk, www.lkpr.info

Bild:Two man replace a main landing gear tire of a plane.jpg *Source*: http://de.wikipedia.org/w/index.php?title=Datei:Two_man_replace_a_main_landing_gear_tire_of_a_plane.jpg *License*: unknown *Contributors*: Susan Cornell

Bild:Chocks.JPG *Source*: http://de.wikipedia.org/w/index.php?title=Datei:Chocks.JPG *License*: unknown *Contributors*: Me

Printed by Books on Demand GmbH, Norderstedt / Germany